CCTV 12 法律讲堂

应世智慧

U0863197

中國家法

刘云生◎著

中国出版集团
中国民主法制出版社

图书在版编目（CIP）数据

中国家法：应世智慧 / 刘云生著 . -- 北京：中国民主法制出版社，2018.7

ISBN 978-7-5162-1839-6

Ⅰ . ①中… Ⅱ . ①刘… Ⅲ . ①家庭道德—中国—通俗读物 Ⅳ . ① B823.1-49

中国版本图书馆 CIP 数据核字（2018）第 148615 号

图书出品人：刘海涛
出版统筹：乔先彪
责任编辑：董　理　周冠宇

书　名 / 中国家法——应世智慧
作　者 / 刘云生 / 著

出版·发行 / 中国民主法制出版社
地　址 / 北京市丰台区玉林里 7 号（100069）
电　话 / 010－63055259（总编室）　010－63057714（营销中心）
传　真 / 010－63055259
http: //www.npcpub.com
E-mail: mzfz@ npcpub.com
经　销 / 新华书店
开　本 / 16 开　710 毫米 ×1000 毫米
印　张 / 14　字数 / 134 千字
版　本 / 2018 年 10 月第 1 版　2018 年 10 月第 1 次印刷
印　刷 / 北京天宇万达印刷有限公司

书　号 / ISBN 978-7-5162-1839-6
定　价 / 36.00 元

序：郭子仪如何对待烂人、恶人、小人？

《中国家法——家风家教》出版后，很快即告售罄。本册为《中国家法——应世智慧》，同属“中国家法”系列文稿，但置重于讨论历代家法如何诲喻子孙应世、为政之道，如何化解安危、名利、穷达、情理等二元困境。

应世之道，安危第一。应世除了才能、志向、性格、人品等要素外，最重要的一面就是如何认知外部世界的规律和人性的本质，知世知人，由此选择生存发展策略，终其一生，奋斗不止，那结果自然就成了自己的命运。

换言之，知世知人，才能知命，才能选取正确有效的应世策略，最大程度避开风险、危险，最高层面实现自我价值。

本册重点撷取一些著名家族和经典人物，透过他们的价值持守、行为选择、治家绩效，探究一个家族长盛不衰的文化密码。

比如郭子仪。对皇帝忠心耿耿，也赢得了皇室的绝对信任。不管是源自于天赋良善，还是源自于道德钳制，就其结果考察，作为军方大佬的他，确实与皇权达成了一种难能可贵且异常罕见的理解信任和利益平衡。

后来，乾隆皇帝将郭子仪与诸葛亮等量齐观，其标准就是忠诚之德，经世之才。

乾隆点赞郭子仪，绝不是只看重他人品好，而是因为他保全了大唐江山社稷；唐代以来，很多家法同样点赞郭子仪，但重点不是卫国的功勋，而是保家的智慧。

郭子仪对国的最大贡献是保全江山社稷，对家的最大贡献则是推动了家族的兴旺发达，八子七婿，都成为朝廷重臣，自己也以 85 岁高龄善终。

赢得皇室的绝对信任不容易，但对付小人更不容易。兵荒马乱之中，背叛、阴谋、谗构、陷害都会随着一个人的军功不断滋生蔓延，李光弼就是牺牲品。

但郭子仪稳稳地站住了，站在了臣子的最高位。

这得益于他对安危关系的真切认知，对应世技巧的精到把握，特别是对潜在危险的感应能力和危机公关能力非常人可及。

比如对烂人，他有理有节。汴宋留侯李灵曜属于典型的渣男。占据汴州后，雁过拔毛，人行劫财，不分公私，一概抢掠。终于把中原一带搞得人稀鸟绝。但对郭子仪的财产，无论是私产，还是公帑，不仅不抢夺截留，老老实实地派部队护送出境，自己还得搭上一份小礼物。

李灵曜这等军阀为什么会尊重郭子仪？绝对的军事实力只能是外在的钳制，对郭子仪人品气度的钦佩才是发自内心的尊重！

比如对恶人，威利兼用。魏博节度使田承嗣飞扬跋扈，傲狠无礼。但对郭子仪，那就是真心加小心。有一次，郭子仪派出使者到魏州，田承嗣居然遥望西边郭子仪所在地，下跪致敬。跪拜完了，对郭子仪的使者说："兹膝不屈于人若干岁矣，今为公拜。"

烂人、恶人是小人，但还仅仅是依仗军队胡作非为，属小人中的低端人才。真正的小人却心机深沉，诡诈难测。

对付这种人，郭子仪用的是忍恕、真诚。权宦鱼朝恩派人掘了郭子仪父亲的坟墓，举朝人心惶惶，担心天下大变。郭子仪号啕大哭，说自己带兵在外，免不了也干些不好的勾当，掘人祖坟，有损阴德。这下报应来了，自家祖坟也被人撬了！这是天谴，不是人祸！

撬坟事件后，鱼宦官专门写信解释了这一重大事件，还邀请郭将军到军方的高级会所见面，希望抛弃偏见和误会，共叙友情。很多人说鱼宦官心怀叵测，劝郭将军多带护卫，以防不测。郭子仪呢？只带几个家童怡然前往。

小人鱼朝恩终于被感动，成为郭子仪的真心朋友。

郭子仪对于强悍的小人有一套，对于玩阴招的极品小人同样有一套。和权宦鱼朝恩修和是化敌为友，靠的是忍恕和真诚；和小人卢杞的交往则是防微杜渐，靠的却是智慧和识断。

郭子仪老年在家修身养性，优哉游哉。凡是来了客人，他的那些小妾、婢女都不回避。突然有一天，正在病中的他听说有个客人要来拜访，郭子仪立马让小妾、婢女、仆从、警卫全部回避，还穿上朝服，作古正经地在大堂里恭候客人。

全家人觉得奇怪，这客人是谁呢？连汾阳王都如此郑重其事？这客人就是卢杞，时任御史中丞，兼任京畿观察使。

卢杞长得苦大仇深，但偏偏很有才。

凡是只看他丑而不看他才的，卢杞真的就对他苦大仇深。别人理解不了这一点，郭子仪却洞察了人性最深处的阴翳和危险。

卢杞离开后，郭子仪揭开谜底：卢杞这人，形貌丑陋，但机心险刻。你们这帮女人少见多怪，见了他肯定要掩嘴而笑，等到他掌权那一天，我家就完蛋了！

知人见机，居安思危，这就是郭子仪应世的最大优点和亮点。他料事如神，屡战屡胜，靠的也是这种功夫。

他知道卢杞是小人；他还知道这小人迟早有掌权的一天；他更知道这小人得志后会不惜一切手段打击报复。

后来，卢杞一朝上位，当上宰相，就把贬他、笑他、瞧不起他的人一脚一脚踩到底；连同为宰相的大帅哥杨炎也被踩到了崖州，后来又被活生生地逼死。

但这位极品小人却放过了郭家。

《中国家法——应世智慧》付梓在即，特拈出《安危》篇有关郭子仪的故事，聊充序言。

刘云生

2018 年 06 月 10 日

小谷围岛 · 排云轩

目　录

CONTENTS

道　术

鬼谷子是中国历史上的奇人、异人，传说他一生教了很多名人学生，比如，同为兵学大家的孙膑和庞涓，同为纵横家中的杰出代表苏秦和张仪。但奇怪的是，这些名人学生都没有什么好下场，要么抑郁而终，要么死于非命，要么身心残缺。更奇怪的是，他的学生效命不同诸侯国，老是对着干，不搞死对方决不罢手。这就连累了鬼谷子学说，虽然水平一流，却成为智慧黑金，甚至被斥为邪说。鬼谷子本人也被异化，成为撒豆成兵、斩草为马之类的玄幻、妖邪人物。

鬼谷子的学生都学有所成，大名鼎鼎，为什么会陷入互害模式不能自拔？因为他们只学会了术，忽略的偏偏是老师一再强调的道。换言之，无论是苏秦、张仪，还是庞涓、孙膑，精通的都是术和艺，而非道与德。

关于鬼谷子师徒，历史上留下了很多民间故事。可惜，都是些奸巧诡诈之类的智计比拼。比如，鬼谷老师特别喜欢让不同学生去做同一件事，考察学生的才干学识。他让庞涓、孙膑两人一天之内各砍一百担柴火。庞涓实在一些，辛辛苦苦砍一天，才砍了五十担，没完成实践课作业。孙膑呢？先游山玩水晒太阳，再扒拉些枯草朽枝，放倒一棵柏树，削成扁担，轻轻松松地挑了回去，这就是“柏（百）担柴火”。还有一次，鬼谷老师又让两人各拿三文钱到集市上买东西，要填满三间空房子。庞涓买了最便宜的灯芯去填空房。孙膑呢？买了三根蜡烛，到了晚上一点燃，满屋就充满了光亮。

当然，这些都是民间传说，并非确有其事。但民间传说却形象生动地传递了一个信息：鬼谷子的两个弟子所学的都是一些应对策略，有急智巧思，多计谋诈术，但偏偏就少了诚信、容隐、宽恕这些好品行和大智慧。只论成败输赢，不管善恶是非，这就是鬼谷子的一帮聪明学生逃不过悲惨命运的真正原因！

学生的失败，也就是老师的失败。所以我们说：鬼谷子是奇人，但不是良师。

父母是孩子的第一任老师，古人如何教育孩子处理道与术的关系呢？根据历代家法，父祖辈对儿孙的教育一般采用以术悟道的方式，循序渐进，教诲疏导。

古代蒙学，要求小孩必须早起，洗漱完毕后，还要承担一定的清洁卫生任务，比如，扫地抹灰之类；拜谒、伺候长辈起床、洗刷，统称“洒扫应对进退”之礼。古人将此定性为“圣人之道”。宋代理学家程颢甚至主张：洒扫应对是精义入神的大事，贯通起来就是“理”。

扫个地，抹个灰，怎么会是“圣人之道”？还要上升到“理”的高度？这就是所谓的“上学下达”——最抽象的道或者理通过最直观的经验去体证、感悟。如果一户人家的孩子，每天早起扫除，晨昏定省，对待父母、兄长、弟妹文质彬彬，这就具备了一个君子应当具备的基本德行：敬与慎，就能够抑制天性中特别容易泛滥的两种恶：傲与惰。

清初大学者孙奇逢用程颢的学说教导儿孙：千万不要以为打扫清洁、问候请安这些是小事。圣功成于蒙养，大儒从来都是在童年时期就养成了终身品性，你们一定要努力。[1]

晚清甘树椿在《甘氏家训》中将儿童打扫清洁的功能归结为三个方面：一是习苦耐劳，远离逸惰；二是有益卫生，防治疾病；最重要的是第三方面：

可使心地清明，外地洁则内地亦洁，外尘去则内尘亦去，是亦澄心之一助也。——（清）甘树椿：《甘氏家训》

打扫清洁卫生，可以让一个人心地清明。外部清洁了，内心也洁净了，灰尘扫除干净，内心自然干净，这是一种澄心证道的手段。

换言之，洒扫应对进退，这是“术”。经过长期训导教化，孩子就能从中悟“道”明“理”，养成勤、俭、敬、慎等优良品格，成为善人、君子。

这就是古人要求孩子做家务的真正原因！这就是典型的以术悟“道”！

但接下来一个问题就是，道、理虽然精纯单一，抽象玄妙，术却可能千变万化，还有正邪之分。如何才能教育子女走正路，明事理，证大道呢？这就取决于家教的目标定位和具体措施。

比如曾国藩家就很具体，为了戒除子孙的怠惰恶性，以“早起”为家法。曾国藩教育弟弟：

欲去惰字，总以不晏起为第一义。——（清）《曾国藩家书》

要除去惰性，最重要的措施就是不准睡懒觉。

良好的生活习惯养成了，家法就会上升到生死、贫富、安危、胜负、穷达、苦乐、得失等层面，要求子孙以术求道、以术

① 程明道谓洒扫应对，皆精义入神之事，莫谓此等为细事也。圣功全在蒙养，从来大儒都于童稚时定终身之品，尔等勉之。——（清）孙奇逢：《孝友堂家训》

证道、以术统道。

比如在生老病死面前，富贵贫贱一律平等。明晓了这个道理，什么富贵虚名，都只能是生存之术，而非生命之道！南宋的倪思总结说：

富贵之胜于贫贱，皆无紧要事耳。至大利害亦与贫贱者一也，老也，病也，死也，皆最要紧事，不可以富贵移易者，故曰与贫贱者一也。——（宋）倪思：《经鉏堂杂志》

富贵胜贫贱，这是世人的粗浅看法。为什么有这种荒谬的观点？因为没找到最重要的衡量标准。天地之间，有三个标准对所有人都是平等的：年老、生病、死亡。一个人钱再多，买不回青春；一个人官再大，换不来健康；富甲天下、位极人臣，也停不住走向死亡的脚步。所以，在人生的必然规律面前，每个人其实都是一样的。

这是洞达人生、悟透生死的智慧之言，直接影响儿孙对生存目标和行为方式的理性选择和超然态度。

比如安危。东汉末年有个姓庞的隐士，人称庞公，是个遁世高人，官府再怎么征辟（bì）——古代皇帝或官府征召某人做官——都不上道。一辈子蜗居乡下，夫妻相敬如宾。古代征召隐士出山，都要准备好漂亮的车马和大量礼物、钱币，让他安顿好家庭就上车出山，报效君王。偏偏这庞公守着茅屋不出门，喝着鸡汤胜参汤。有人就开始议论，只要小日子，放弃大富贵，太笨了。今天所谓的“不上路”“不上道”，指的就是庞公这类人。

庞公安居乡下，和老妻一耕一耘，甘贫乐苦。荆州刺史刘表亲自到乡下延请他做官，哪知道老先生力田不止，不为所动。刘表就站在地埂（gěng）上说：老先生这样辛苦一辈子，忍苦耐穷，你自己轻松自在了，拿什么留给子孙呢？庞公歇下犁头，擦擦汗，说：世上的人都追求荣华富贵，还想儿孙代代享用不尽，哪知道这些都是害子孙的笨招。我虽然辛苦操劳，但留给子孙的却是安泰。自耕而食，自织而衣，除了依靠老天和自己，谁都不靠，不用担心被构陷贬官，不用担心被杀头灭族，这是多舒坦的事啊！

刘表只好叹口气走人。心想，这人还真不上道！庞公夫妇担心刘表再来，干脆田地也不要了，逃到鹿门山采药度日，远避尘嚣。①

从历史的角度来看，动乱时代，避开名利，蜗居乡下，耕读教子传家，确实是最明智的选择。这就是张履祥劝诫子孙力农、曾国藩劝诫子弟坚守耕读传家的真正原因。

比如胜负。一般人只注重用兵之术，以术求胜，而忽略了用兵之道：止戈为武，本在以战求和。但《孙子兵法》中却说："兵者，诡道也。"——行军作战，是诈诡之道：

攻其无备，出其不意。此兵家之胜，不可先传也。——《孙子兵法·始计篇》

攻其不备，出其不意，这是兵家制胜的法宝，绝不可以让敌人预先知道。

这种诈诡之术开启了人类历史上无数杰出精英民族的互害模式，带来了荣誉，带来了辉煌，也带来了苦难和死亡。

---

① 皇甫谧《高士传》卷下——庞公者，南郡襄阳人也，居岘山之南，未尝入城府，夫妻相敬如宾。荆州刺史刘表延请不能屈，乃就候之曰："夫保全一身，孰若保全天下乎？"庞公笑曰："鸿鹄巢于高林之上，暮而得所栖；鼋鼍穴于深渊之下，夕而得所宿。夫趣舍行止，亦人之巢穴也，且各得其栖宿而已，天下非所保也。"因释耕于垄上，而妻子耘于前。表指而问曰："先生苦居畎亩，而不肯官禄，后世何以遗子孙乎？"庞公曰："世人皆遗之以危，今独遗之以安，虽所遗不同，未为无所遗也。"表叹息而去。后遂其妻子登鹿门山，因采药不返。

争端不可避免，战争是最后的手段。但战争仅仅是手段，不是目的。战争的最终目的在于和平，这才是用兵之“道”。如果以“术”统“道”，一将功成万骨枯，军队最终只会沦为特定利益集团的暴力机器。

三国时期著名军事家羊祜担任荆州都督期间，他的死对头是江东名将陆抗。虽属对头，两人交情却秉承君子之道：陆抗送酒给羊祜，羊祜一饮而尽；陆抗生病了，羊祜送的药，陆抗直接就喝了，还说“世上没有送毒药的羊祜”；吴军将领侵边，羊祜直接将他灭了，但又守护尸体，以隆重礼节护送出境；有部下劝他出其不意攻其不备，羊祜就将这些将领灌醉，偷袭自然成了泡影；吴国人种的庄稼熟了，羊祜让军队收割完毕，全部送还。

所以羊祜活着，敌国对手对他推崇备至；羊祜死后，吴国的政治高层、军队将领、普通百姓都痛惜不已。

这就是德行的力量！这就是军魂！这也是兵道！堂堂正正，光明磊落。

所谓军神，羊祜应当是千古第一人！

这看起来和家法没关系。但我们必须交代清楚：羊祜的外公是蔡邕，生母是蔡文姬的亲姐妹，前母是孔融的女儿。简言之，羊祜是几代世家大族家风家教培育的文武精英。知道决定胜负的不是武力征服，不是阴谋诡计，而是德行感化、理解信任！

比如苦乐。韩休是唐玄宗时期的宰相，家法严整，家风俭约。他的曾孙女出身名门，嫁给了柳公绰，持家俭素，不穿绫罗绸缎，不坐金碧车驾，进出皇宫拜觐只坐竹兜子。晚上儿子们必须夜读，宵夜就是当妈的用苦参、黄连、熊胆和的丸子，苦得难以下咽。她用这种方式教导儿子柳仲郢：要安乐就必须先习劳苦。[①]

这就是“术”，但儿孙们领悟的却是“道”。后来柳仲郢成为一代名臣，和韩氏的以术证道的家教有着必然的因果关联。

实际上，韩氏不仅是严母，还是慈母——按照传统中医理论，苦参、黄连、熊胆都是清心明目的好东西，既让孩子知道了人生艰苦创业的道理，还得到了养目强身的效果。

比如贫富得失。俭素持家是调剂贫富有无的手段，是“术”，但儿孙辈由此感悟的却是“道”，是对财富取舍的一种智慧。按照倪思的分类，俭可分为三等：第一等，道术合一。俭约自守，恬淡度日，优哉游哉，不为外在物欲所役使，精神往来于天地之间，这类人是圣贤，俭既是道，也是术。第二等，以术求道。清俭度日，不奢靡，不求人，保持独立的人格操守，这类人是善人，以俭养廉，以俭养德，以俭避祸。第三等，以术害道。吝啬成性，不积德，不养性，只顾积累家私，为儿孙辈丧志失身做准备，既苦了自己，又害了儿孙。这类人蠢笨无比，最终只能成为钱财和儿孙的双重奴隶！[②]

世间万事，有其然，必有其所以然。然是“术”，所以然是“道”。历代家法除正面引导、熏陶儿孙养成勤俭、谦谨、忠信等品行外，还设置了大量的禁止性规范约束子女身心。比如历代家法都将赌博视为恶业，坚决禁赌。

---

① 公绰妻韩氏，相国休之曾孙，家法严肃俭约，为缙绅家楷范。归柳氏三年，无少长，未尝见其启齿。常衣绢素，不用绫罗锦绣。每归觐，不乘金碧舆，秖乘竹兜子，二青衣步屣以随。常命粉苦参、黄连、熊胆，和为丸赐诸子，每永夜习学，含之以资勤苦。

② 倪思《经鉏堂杂志》：俭有三：上焉者俭以为人，圣贤也；中焉者俭以为己，善人也；下焉俭以为子孙，愚人也。何谓为人？施人救急是也，俭者必吝，乃能啬己施人，又惟俭者夥有余以施人，故谓之圣贤。何谓为己？寡求也，寡求则有廉耻，是谓善人。若乃俭啬多积以遗子孙，资其不肖，于己既自苦，又坏子孙，故曰愚也。

赌博是人类智慧、勇气的经典再现，是人类最古老的行业之一，但败坏心志、偏离正道。倪思对子弟管教很严，女儿出嫁时还专门规定了“十戒”，第七戒就是“不得赌博”。

为什么历代家法禁止赌博？因为这是典型的以术害道！

第一，迷心志，丧廉耻。赌博依靠的是一种侥幸和投机，但隐藏其后的就是贪鄙之心。《袁氏家范》警戒儿孙：

博与弈，乃贪心，杀心，痴心，嗔心之变理也。于事虽小，害道则大。人家不肖子孙，堕其窟窖，至有败荡家业。——《袁氏家范》

博弈激活、诱发的是人的贪心、杀心、痴心、嗔心，是邪术歪理。看起来是小事，却极大地伤害正道。人家子弟一旦落入此道，必然心志沦丧，败家伤身。

吕祖谦《辨志录》专门引用韦昭的《博弈论》教训子孙：

廉耻之意弛而忿戾之色发，空妨日废业，终无补益。——（三国）韦昭：《博弈论》

赌徒们开始都是客客气气，有礼有节，大气从容。赌到后来，现金没了，就典质衣物首饰，祖宗家产，甚至卖妻卖女。到了这份上，廉耻之心丧失殆尽，忿戾之气形于颜色。丧志伤神不说，还虚度光阴，荡败祖业，大伤人伦，有百弊无一利。

宋代赌博业特别发达，是很时尚的“雅事”。但和司马光并称贤相的吕公著从小就不参与任何形式的赌博。别人问他，官民赌博成风，你为什么不赌？吕公著回答了八个字：

取之伤廉，与之伤义。——吕本中：《童蒙训》

赌博这种事，赢了别人，取之非道，有伤廉德；输给别人，加重别人的侥幸求财心理，一天不赌就心发慌手发痒，这有伤恩义。

第二，乱礼仪，败家声。宋代著名词人李清照精于赌博，勇于钻研，为赌博专著《打马图》写下序言。李清照认为：

夫博者，无他，争先术耳，故专者能之。——（宋）李清照：《打马图序》

赌博就是一种依靠手气、运气或者技巧争先抢胜的术艺，只有精通的人才能百战百胜。

既然是一种争先抢胜，必然有亏礼让容恕，所以司马迁将赌博界定为“恶业”：

博戏，恶业也，而桓发用富。——《史记·货殖列传》

赌博是一种恶业，但偏偏很多人借此发财致富，误导众多子弟趋之若鹜。

直到今天，除了家庭小聚游戏，赌博场上都有两个规则：一个是父子不同桌，也就是父子两人不能坐在同一张赌桌上竞输赢，这还算是顾全父子恩义；另一个规则就是父子不认，如果同桌，只认输赢，不认父子恩义。父子伦理，全盘沦丧。

第三，坏世风，颓国运。历代家法禁止赌博，是因为术不配道，甚至背道而驰。赌博为什么会危及世风和国运呢？

我们以南宋为例。南宋虽然是经济巨人，占据了世界上最大的财富总量，就连今天的美国也没这水平。但民风、官风沉醉于赌博却成了一个致命的社会问题。

老百姓嗜赌，从生活日用到不动产再到歌姬舞女都可以拿来赌，街头巷角，茶楼酒肆，不分日夜。有的人赌到最后只剩少量钱财，全部作本推出，这就是所谓“孤注一掷”。[①] 以至于出现了

①《宋史·寇准传》。

“穷富赌钱社”等行业性组织，出现了专业赌场“柜坊”。[①]

军人也赌。有三个巡逻兵把军装典质了去赌，输钱后就在路上杀人，剥下衣服偿还赌款，赎回军装。[②]

身居闺阁的女性们也出门赌博。一到华灯初上，纷纷浓妆艳抹出门，看赌自赌，玩得不亦乐乎，门风大坏。[③]

身居高位的官员甚至有些皇帝也是无处不赌，无时不赌。比如流行的赌球。著名的高俅就是因为擅长踢球，深得皇帝欢心，把自己踢成了太尉和天下兵马大元帅。再看澶（chán）州一战，战争一触即发，前敌总指挥、宰相寇准还和杨亿赌得天昏地暗；金兵南下，襄阳被围，丞相贾似道还淫乐赌博不止。

贾似道这辈子有没有贡献？有。他最大的贡献就两个：写了斗蛐蛐的《促织经》，另一个是姐妹篇《秋虫谱》，算是为中国赌博事业立下了不世功勋。

以术害道的后果是什么？同时代人记载：先赌钱，后偷盗，再结成组织当强盗，劫盗、纵火、行奸、杀人、造反！[④]

所以，金兵南下，势如破竹；所以，南宋灭亡，那是历史规律和必然！

---

① 吴自牧:《梦粱录》卷十九。

②《续资治通鉴长编》载：真宗时“巡卒三人，因寒食假质军装赌博，既不胜，遂谋以五鼓未尽伺击陌上行人，弃尸河流，取衣物贸易，以赎所质”。

③《东京梦华录》卷七：向晚，贵家妇女纵赏关赌，入场观看，入市店饮宴，惯习成风，不相笑讶。

④（宋）王栐《燕翼诒谋录》：世有恶少无赖之人，肆凶不逞。小则赌博，大则屠牛马销铜钱，公行不忌。其输钱无以偿，则为穿窬。若党类颇多，则为劫盗、纵火、行奸、杀人。

功德（上）

首先申明，本书讲的功德不是佛教意义上的功德，而是传统儒学意义上的功业和德行。

曾国藩生前和弟弟们讨论过人生的三不朽，认为这是知识分子的最高人生境界。实际上，这也是中国古代家法的最高目标。

什么是“三不朽”？这来源于《左传》叔孙豹和范宣子的一段对话。春秋时期晋国的政治家范宣子认为，一户人家只要代代有传人，世世有官做，就是不朽。身为鲁国大夫的叔孙豹坚决反对：

太上有立德，其次有立功，其次有立言，虽久不废，此之谓三不朽。——《左传·襄公二十四年》

叔孙豹认为：真正的不朽不是官位传承，不是生命传递，而是道德精神和伟大功业让人千秋留名，万古流芳。具体又可分为三个层次：最高的是创制法典，发明万物，博施济众，造福苍生。比如发明五谷的神农，创制八卦的伏羲，这些人将人类文明从蒙昧时代推向文明时代，所以死而不朽，这是立德。第二个层次，建功立业，匡扶危难，比如治水英雄大禹，射掉九个太阳的后羿。这些人救民于水火，所以死且不朽，这是立功。第三个层次，精通义理，传承文化。这类人就多了，比如老子、孔子、庄子等，创立学派，传播文化，丰富人类的精神生活，所以死且不朽，这是立言。

但这三个标准太高还不好把握。曾国藩就认为，三不朽中，最难的是德，最空的也是德。“故自周汉以后，罕见以德传者。”——从周朝、汉代以来，很少有以德传为不朽的事例。即便第三个层次的人都是圣贤一流，一般人也只能望洋兴叹。

目标太高，做不到，怎么办？历代家法有的是智慧，将三不朽的精神归纳起来，强调“功”“德”合一并融入日常生活，要求子女由低到高，能达到什么程度就上什么台阶，既切于实用，又简捷易行。

家法经常以具体的人和家族的命运教育子孙，要求他们“德”“功”并进。

岳飞和秦桧就是德行对立的经典个案。虽然德的内涵、外延很难进行精准化设计、考察，但古人却可以在特定的历史背景下对特定人及其家族的具体言行进行道德考评并引导子孙的行为取向。

岳飞力主抗金，功勋德行，有目共睹。后来冤屈而死，被奉为民族英雄，岳家子孙直到今天都以身为岳飞的后代而自豪。秦桧迎奉皇帝偏安之意，死后被视为奸臣。民间在岳飞墓前塑了秦桧夫妇两尊跪像，阳间阴间，千年万年让这两口子请罪。一个是青山有幸埋忠骨，一对是白铁无辜铸佞臣。其后代子孙也惧于言论，不敢公开认祖祭祖。

清代乾隆年间翰林院修撰秦大士是秦桧的后人，状元及第，担任乾隆皇帝的御前殿撰，也就是文字秘书。有一次，乾隆皇帝忍不住好奇，问秦大士是不是秦桧的后代？秦大士很尴尬。如果说不是，是欺君灭祖；说是，先祖名誉实在糟糕。只好回答说：一朝天子一朝臣。祖先遇见了昏君，只好做昏事烂事；我遇见了明君，自然做忠臣直臣。

根据民间传说，秦大士和袁枚游西湖，到了岳坟，袁大才子请他撰联自励。秦大士口诵一联：

人从宋后少名桧，

我到坟前愧姓秦。

人家子弟从宋代以后就很少取名叫“桧”；我到岳坟前很惭愧自己姓秦。

一个“少”，一个“愧”，说明后代子孙对先祖德行的失望和愧疚。

秦桧的墓地在南京，历史上以“秽冢（zhǒng）”出名。据明代史料记载：秦桧墓“丰碑屹立，不镌一字”——墓碑很高大，但上面一个字没有，算是无字碑。到后来，南宋中兴大臣孟珙（gǒng）破金南归，屯兵秦桧墓前，命令士兵在墓上大小便，所以称为“秽冢”。[①]

实话实说，秦桧很有才，也很勤政，身居相位还干了很多大事、实事，但为什么就不能成就“功业”呢？因为“德行”欠缺。

传统家法如何认知和体现功业和德行之间的关系？结论很明确：德行是根茎，功业是花果。修德为本，功业随缘。

元代许衡写诗劝诫两个儿子许师可和许师敬：

但期磊落忠信存，

莫图苟且功名新。

——（元）许衡：《许文正公遗书》卷十一

为人为官，要光明磊落，忠君诚信，不可侥幸贪图功名利禄。

从效果上看，许衡自己的道德文章一流，为官清正廉明。他的两个儿子继承父风，德行优良，治国治民都有很大的成就。许

①（明）姜南：《风月堂杂识·秽冢》。

师敬更是三度为相，和许衡一样，成为著名的思想家、政治家、教育家，还是著名的天文历法家。

对于一般读书人，所谓的功德就两项：进德和修业。增进道德，修习学业。至于能否建功立业，还得等待时机。曾国藩的弟弟科举考试失败，心灰意冷，曾国藩写信劝勉说：

只有进德修业两事靠得住，至于功名富贵，丝毫不能自主。尽其在我，听其在天，万不可稍生妄想。——（清）《曾国藩家书》

读书人自己能够完全把控得住的，只有进德和修业两项。至于能否荣华富贵，能否建功立业，这要看时机、看运气。进德修业，尽心尽力与否在自己，成功不成功在天，千万不能心生妄想，要一举成名天下知，动不动要建立不世功勋，流芳百世。

曾国藩教导弟弟要做到三点：刻苦自励，心平气和，寡尤少悔。

刻苦自励是自己努力；心平气和则是保有良好心态。如果一个人努力了，没有成功，中不了举，考不上进士，那只能找自己的不足，不能骂考官不长眼，老天不开眼，而应当心平气和，再接再厉。

胸多抑郁，怨天尤人，不特不可以涉世，亦非所以养德；不特无以养德，亦非所以保身。——（清）《曾国藩家书》

如果一时不成功，就抑郁伤怀，怨天尤人，这种心态不仅不能待人接物，涉足社会，也不是养德之道；不仅养不了德，还伤身致病：肝气不舒，性情敏感，品行有亏。最终肯定是德业两败，伤人害己。

即便进德修业达到一定境界，也要不断增进德能，先不要追求什么天大的勋业，能做到“寡尤少悔”——少做错事少后悔就是最大的成功。曾国藩谆谆开导弟弟：洪杨兵兴，天下大乱。在这种非常时刻，立身行事，最容易造孽，但也最容易积德。我招募湘军之始，就将爱民救民作为首要目标。多年来，虽然不敢说全部做到了，但心里念兹在兹的还是爱民保民。到今天，很少有后悔愧疚之事发生。[①]

无论是德行劝勉，还是心理疏导，曾国藩做得都很科学、很到位：冷静克制，真诚耐心，公允中正。

曾国藩的训导还延伸出了一个很重要的观点：功业不是功利。明代洪应明的《菜根谭》有两句话：

无胜于有德行之行为，无劣于有权力之名誉。——（明）洪应明：《菜根谭》

世间万事，没有什么比有德行的言语举止更可贵；没有什么比依仗权力官位获得虚假荣誉名利更可耻。

遍检史料，洪应明的感慨并非道学家的空头牢骚，而是针对当时官场风气有感而发。隆庆、万历年间，世风日下，士风日下，宦官势力渐起，士大夫为名忙、为利忙，连边关守将也虚报战功，以求封赏。为什么会这样？有钱就能买官，有官就能捞钱！想要进内阁，要么依靠宦官援引推荐，要么自己出钱买官！

在离心离德的时代，偏偏出了个赵大周。这人食古不化、不通时变，但忠诚许国，秉公持正，后来被嘉靖皇帝直接提拔进入内阁。何良俊对他评价很高，说他刚直有口，不容沉渣。赵大周谴责当时的边将如宣大总督陈其学等人：

① 当此大乱之世，吾辈立身行间，最易造孽，亦最易积德。吾自三年初招勇时，即以爱民为第一义。历年以来，纵未必行得到，而寸心总不敢忘爱民两个字，尤悔颇寡。——（清）《曾国藩家书》

虚张报捷，当事者纳其重贿，即滥冒功赏，岁以为常。而包藏祸患，将来有不可胜言者。——（明）何良俊：《四友斋丛说》卷八

虚张声势，明明是用钱财买和，偏偏要说是驱除鞑虏，杀了多少敌军，俘虏多少敌军。朝廷当政者收受重贿，贪图功名富贵，纷纷冒功滥赏。如此包藏祸心，必然带来无穷边患，结局惨不堪言。

后来的结局不幸言中。但赵大周本人太直太戆（gàng），很快被排挤出局。

传统家教对功德关系如何进行目标定位的呢？

第一，珍惜生命，重视人伦。古代养女儿是一个家庭的沉重负担。不仅要吃穿日用，还要精心培育，最后出嫁还得送上丰厚的嫁资。否则，女儿在夫家没地位不说，还影响娘家的声誉。所以，从先秦时期就留下一句俗谚：养女贫家，“盗不过五女之门”。一家养五个女儿，小偷都不会光顾。为什么？太穷了。[①]这就导致很多家庭溺杀、抛弃女婴，成为民间陋俗。

颜之推在家训中对此提出严厉批判，教导儿孙断不可为：

女之为累，亦以深矣。然天生蒸民，先人传体，其如之何？世人多不举女，贼行骨肉，岂当如此而望福于天乎？——（北齐）颜之推：《颜氏家训》

女儿成为家庭的拖累，确实是事实。但上天有好生之德，都是父母的骨肉，为什么非要溺杀、抛弃？世人生下女儿后都不愿意长养抚育，甚至戕杀骨肉，如此行径怎么能让老天保佑？

①《后汉书·陈蕃传》：“鄙谚言‘盗不过五女门’，以女贫家也。今后宫之女，岂不贫国乎！”

这是一种家教理念和行为规范，隐含了一种可贵的人道主义光辉。要求子孙珍视生命，关切人伦，这既是善念善德，也是功业功德。

这种理念演化为后代家族为人为政教育目标的主旋律。晚明冯梦龙很有才，写下了很多经典作品，但科考之路一直不顺。到57岁才补了个贡生。崇祯七年，61岁的冯梦龙升任福建寿宁知县。到任之初就针对当地溺杀女婴的陋俗发布公告，这就是《禁溺女告示》。他以基本人情人伦感化当地百姓说：不管是男孩女孩，都是怀胎十月，吃尽辛苦才养育而成的，都是自己的骨血，为什么忍心淹死她？当爹的想想，如果不养女孩，你从哪儿娶妻？当妈的想想，如果不养女孩，你自己又从何而来？[①]

不用说，冯梦龙的地方治理理念来自于颜之推的家训。这种理念警醒我们：禁止残害生命，维护基本人伦，这就是为人父母和地方官最大的功和德。

第二，严于教诲，为国育才。这和功德有什么关系？我个人认为，成功的家教本身就是功德。家庭是社会的基本单元，如果家教得力到位，不仅家族和睦，地方稳定，还可以向国家输送海量的优秀人才，这就是利家利国的善行和功德！

历史上父母宠溺子孙，陷于毁灭的例子有很多。比如刘宋时期的废帝刘子业，是刘宋孝武帝刘骏的长子。因为母亲王皇后受宠，自然也如鱼得水，骄纵过人。到了青春期，偏激暴虐，孝武帝和王皇后想再来矫正，但为时已晚。孝武帝西征，刘子业给当爹的写了一封慰问信，浮皮潦草，字还写得歪歪扭扭。孝武帝大

① 一般十月怀胎，吃尽辛苦，不论男女，总是骨血，何忍淹弃？为父者你自想，若不收女，你妻从何而来？为母者你自想，若不收女，你身从何而活？——（明）冯梦龙：《禁溺女告示》

怒，回信严厉训斥：给老子写信都如此漫不经心，这是罪过！听说你一直懒惰懈怠，偏激暴戾，为什么就如此顽固不化呢！[①]

话虽如此，但因为是长子，又是自己最喜欢的女人生的儿子，刘骏还是将刘子业立为太子。无数的悲剧开始上演：他杀掉叔祖江夏王刘义恭一家，肢解尸体，剖开内脏，还把叔祖的眼睛泡在蜜饯（jiàn）里，叫“鬼目粽（zòng）”。他把自己的几个叔叔建安王刘休仁、湘东王刘彧（yù）、山阳王刘休祐用竹笼装起来称重量。湘东王最重，被封为“猪王”。更严重的是，他母亲王皇后死前病重，要见他一面。他却说：要死的人面前鬼怪多，太吓人了，不去！王皇后死前痛不欲生，对身边人说：拿刀来，看看我这是什么肚子，生下这么个儿子！[②]

后来，刘子业被无情诛杀。死时特别年轻——17 岁。

表面上看，刘子业的罪孽是自找的。但究其源头，还是因为父母的宠溺，导致刘子业丧心病狂，无视基本的人性人伦，成为千古人伦惨剧的典型代表。

颜之推对刘子业的悲剧大发感慨，要儿孙引以为戒。他说：对子女绝不能“无教而有爱”——只管宠溺而不教诲。正确的做法是什么呢？

父母威严而有慈，则子女畏慎而生孝矣。——（北齐）颜之推：《颜氏家训》

父母既要严肃有威信，又要让子女感受到你的爱。只有这样，子女才知道敬畏，言行谨慎，不会无视人伦，不会祸害社会。这既是父母养成之功，也是父母化成之德。

---

①《宋书·前废帝纪》：“闻汝素都懈怠，狷戾日甚，何以顽固乃尔邪！”

②《宋书·本纪第七》：“初太后疾笃，遣呼帝。帝曰：‘病人间多鬼，可畏，那可往。’太后怒，语侍者：‘将刀来，破我腹，那得生如此宁馨儿！’”

孔子有个观点也说明了这一点：求忠臣必于孝子之门——一个人孝敬父母，才能忠于君王；如果连父母都不放在心上，绝不可能成为忠臣！

颜之推极力推崇梁朝大司马王僧辩的母亲魏夫人。这位母亲在历史上很有名，和陶侃的母亲、岳飞的母亲一样著名。

魏夫人出身祁县名门，待外人、下人宽和，但对自己的六子一女却异常严格。王僧辩已经40多岁时，是统领几千人的将领，稍有小错，魏夫人立即让他跪下，动用家法，打屁股，抽背脊。后来七个儿女全部成才，女婿也成为国家栋梁。①

这种家教家风产生的良好效应一直延续到隋唐时代。王僧辩后来被陈霸先所杀，其子王颁发誓报仇。后来灭掉陈国，还痛哭不止。手下亲信问他哭什么？他说：公仇已报，私仇未了。后来率领亲信，挖开陈霸先的墓穴，焚尸销骨，和水吞下。虽是愚孝，但其家风家教影响力之大，可见一斑。

到了唐代，王家重孙辈有宰相王珪，祁国公王仁皎（jiǎo）；曾孙辈有驸马，有唐玄宗皇后，也就是著名的王皇后。

魏夫人严正持家，子孙数代优秀，于国于家，既是功，也是德。

第三，和家睦族，稳定地方。良好的家风家教不仅和家、睦族，还能实现社会稳定。

关于和家睦族，颜之推又举了裴子野的先进事例教育子孙。裴子野父祖辈都是著名的史学家、文学家，他自己就职于梁朝的中书省，担任中书通事舍人，相当于皇帝的政务秘书。裴子野居

① 颜之推《颜氏家训·教子》："王大司马母魏夫人，性甚严正；王在湓城时，为三千人将，年逾四十，少不如意，犹捶挞之，故能成其勋业。"

官清廉，为人低调，一年四季都是粗茶淡饭，没房子住，就借了片官地，搭盖了几间草屋。

即便再贫困，远亲或者下属求告的时候，他总是尽其所能周济。很多人长期吃住在他家。哪怕是薄粥菜羹，他也一起吃，从没有嫌弃的意思，也没有不满足的样子。裴子野死后，梁武帝评价他"文史足用，廉白自居"——文才史才为时所用，居家度日清白简淡。

裴子野的行为深受父亲的影响。他父亲裴昭明做官清廉勤政，但就是不为子孙添置产业，所得财产也多赡给家族。他的观点是：

人生何事须聚畜，一身之外亦复何须？子孙若不才，我聚彼散。若能自立，则不如一经。——《南史·裴松之传》

有饭吃，有衣穿，就应该知足，为什么非要去积累财产？子孙无才无能无德，我聚财，他散财，反倒有害。要想他将来自立门户，倒不如传授他一部经书，养家糊口，养心养德。

可以说，裴昭明传递给子孙的不仅仅是文史修养，更重要的还是一种和家睦族的智慧和品格。

我们讲了功德之间的关系和历代家法的基本价值定位，那么，传统家法又是如何教导子女以德养功，以功辅德的呢？

功德（中）

上一讲我们讲了德行和功业的内涵和外延，讲了历代家法首先注重的是德行，其次才是功业。我们还讲到一个观点，良好的家教家风本身就是一种德行，一种功业，对个体生命的尊重，忠君报国，和家睦族，稳定地方，家族内部治理都做出了不可磨灭的贡献。

那么，历代家法如何具体处理功和德的关系？如何培养子弟以德养功，以功辅德？

关于第一个问题，哪怕是历史上再有争议的人物，在教导子孙时，都要求他们在功与德之间持守正确的立场：道义为先，功业其次。

比如魏收，历仕北魏、东魏、北齐三朝。很有才，但品行有亏，好名求利，性格还高调张扬。曝隐私不讲口德，骂人还带脏字，他主编的《魏书》本来水平不错，但因为拿修史当人情，被人骂为“污史”。他把自己的文稿恭恭敬敬地送给南朝的大才子徐陵，希望能在南方提高些声誉。哪知徐大才子过长江，随手翻了翻，就把他的文稿扔进长江。随从问为什么？徐陵说：这人在北方很有名，但能跟南朝比吗？我帮他藏拙，省得坏了名声。[①]真正的原因应当是，魏收才高德薄，徐陵瞧不上他的人品，自然看不上他的作品。更悲惨的是，北齐灭亡，魏收的墓被掘掉，尸

①《隋唐嘉话》：“梁常侍徐陵聘于齐，时魏收文学北朝之秀，收录其文集以遗陵，令传之江左。陵还，济江而沉之，从者以问，陵曰：‘吾为魏公藏拙。’”

骨被抛弃，可想其人缘之差。

因为德薄，魏收的所谓一世功名自然付诸东流，这就是重功名轻德行的后果。

但涉及子孙教育时，魏收就变了个人。他在《枕中篇》中要求子侄辈：举止言动，一定要审慎，不要当大嘴巴，不要当没头神。做事要讲良心，要设身处地，要先人后己。不要别人一夸赞就高兴得像麻雀喳喳叫；别人一批评就一蹦三丈高，骂遍祖宗十八代。①

虽然自己做不到，但魏收说得真是太好了！为什么会这样？唯一的解释是，魏收自己怎么做无所谓，那是江山易改本性难移。但子孙这样做就可能招致飞来横祸。所以他希望子孙恪守道义，起善心，行善事，做善人。

怎么恪守道义？说起来有两个标准。

第一个标准，无过无怨。这是《菜根谭》中提的标准。

无过便是功，无怨便是德。——（明）洪应明：《菜根谭》

什么是功？人活一世，无过无悔就是功；什么是德？无怨无仇就是德。

这标准看起来低得没谱，实际上却高上无比。即便按照圣贤的标准，尧、舜、禹也好，孔子、孟子也好，就是北宋的“二程”、朱熹，包括后来的王阳明、曾国藩，都有宿敌、政敌、论敌，甚至还有私仇私怨。所以严格意义上说，这个标准无人能及，属于理想化的境界。

但如果换个角度，论心不论事，那就轻松多了。换言之，一

① 审道而行，量路而止，自我及物，先人后己。情无击于荣悴，心靡滞于愠（yùn）喜。不养望于丘壑，不待价于城市。言行相顾，慎终犹始。——（北魏）魏收：《枕中篇》

个人应当树立无过无悔、无冤无仇的大志向，随时像曾国藩那样自我警醒，力求精进，还经世济用，管好儿孙，树立良好家风，感化大众，改变颓废世风，那也是大功大德。

明清以来很多家法、家训特别钟情北宋著名理学家邵雍。邵雍死后，被朝廷赐谥为“康节”，世称“康节先生”，一直到今天都名垂千秋。邵雍为什么会一直闻名上千年？原因有很多，我们只说一点，那就是他自身的德行高、功业大。《宋史》中评价他：“高明英迈，迥（jiǒng）出千古。”——这是对圣贤的评价。

实际上，邵雍也真正算得上是圣人。

以德行而论，程颐称赞他“德气粹（cuì）然”，是纯正的贤德君子。最可贵的是他诚恳谦和。

人无贵贱少长，一接以诚，故贤者悦（yuè）其德，不贤者服其化。——《宋史·邵雍传》

无论是王公贵族，还是贩夫走卒，他都能平等相待，诚恳交结。所以，贤者崇尚他的德行，小人也会感佩他的教化。

以功业而论，邵雍居家、讲学，对子弟、学生、朋友的影响力之大，历史上评价极高，他的学说本身就是立言、立功的典范。更可贵的是，他还经常步入社会，深入家庭，宣讲学术，排忧解纷。每到春秋温凉之时，他就坐着牛车，出游各位王公大族之家。每家从主人到仆从、轿夫、厨师、女眷、婢女都会到大门口争相迎接。

凡其家妇姑妯娌婢妾有争竞，经时不决者，自陈于前。先生逐一为分别之，人人皆得其欢心。——（宋）马永卿：《懒真子》卷三

为什么如此郑重其事呢？不是客套，不是经过彩排的走过场，也不是因为他名气大得像明星，而是大家都想听老先生说

话、评理。这些大户人家婆媳之间、妯娌之间、妻妾之间、婢女之间的纠纷难以解决的，都会摆上桌面。老先生一一分辨是非，陈说得失，无论是输赢对错，大家都高高兴兴地接受这种家庭调解。

这种个人魅力的影响有多大？史载，因为洛阳城出了个邵康节，民风、士风、官风大变。

一时洛中人才特盛，而忠厚之风闻天下。——《宋史·道学一》

邵康节居洛阳三十年，人才辈出，忠厚风气天下知名。

他还有两句诗，成为后代家教的经典：

平生不作皱眉事，天下应无切齿人。——（宋）邵雍：《诏三下答乡人不起之意》

粗疏地解释一下：平生不内亏于心，不做自己都皱眉头的事，自然就无怨无仇。

第二个标准，无德无功，败德亏功。这标准将道德目标和行为品质直接挂钩，没有德行就无所谓功业；德行有缺损，功业自然亏败。简言之，德行助功业，功业辅德行，两者之间具有一致性和互补性。

修德积德，济人自济，这是很多世家大族修身立德的目标。比如仁厚。汉武帝征和年间，据说有人用“天灵灵地灵灵”之类的巫术谋害汉武帝，宠臣加奸臣江充趁势陷害太子刘据，刘据被迫起兵反抗，又被诬陷谋反。太子被迫自杀，前后死者达数万人。当时，刘据的孙子、也就是汉武帝的重孙刘询才几个月大，也被关进长安监狱。

后来，汉武帝病重，有人又造谣说长安监狱里有王气。汉武帝急火攻心，下令将监狱里所有的人，无论罪行轻重，统统杀死。使者匆匆忙忙赶到监狱，碰上了监狱管理员丙吉。

丙吉的态度是什么？拒不开门。丙吉坚信：几个月大的婴儿绝对无辜。如果一开门，刘询的小命就没了。好在汉武帝醒悟，收回成命并大赦天下。

丙吉善待襁褓中的刘询，雇奶妈，找医生，拿自己的工资为他买衣服和营养品。事态稳定后，又亲自将刘询送到他外祖母家。之后刘询即位，这就是后来的汉宣帝。

汉宣帝开始并不知道丙吉对自己有护佑之功，丙吉也绝口不提以前的事。在他看来，保护襁褓中的婴儿是起码的善德善行，不容推避，也无需张扬，更不能拿来邀功求赏。

一定程度上说，丙吉冒着灭族的危险保住了一个小生命，无论他是皇曾孙，还是普通百姓的子孙，这就是仁厚。后来汉宣帝知道了内情，感动不已。封丙吉为博阳侯，入选麒麟阁十一功臣。

丙吉的这种仁厚，上保天子社稷，荣登高位，下则福延子孙，家道兴隆，属于典型的以德养福，以德积功。

比如慈孝。慈孝是伦理义务，也是一种福报。唐代的柳玭家法谨严，经常以博陵崔家慈孝故事教育子女。

博陵崔家世代名门，到了唐德宗时期，崔颋养了八个儿子，个个成才，人人出色，史称崔家“八龙”。他的大儿子崔管曾担任山南西道节度使，人称“崔山南”。崔管的曾祖母长孙夫人，年龄高迈，牙齿掉光了，崔管的祖母唐夫人作为儿媳，每天早上起来，先给婆婆倒便桶，洗脸梳头插笄（jī）。然后下堂跪着请安，再升堂用自己的乳水喂食婆婆。长孙夫人虽然饮食不便，却康宁高寿。老人去世的时候，全家老小齐聚一堂，老人最后的感慨是：媳妇对我这么好，我没什么报答。只有送上祝愿，愿我媳妇子孙繁盛，人人都像我媳妇一样孝敬老人。如此，崔家无论如何都会昌盛发达！

唐夫人乳姑是尽孝，但这种大慈大爱不仅积德，也是积福。这种家风世世传承，崔家代代发达，唐夫人是当仁不让的大功臣。后来进了《二十四孝图》，成为道德典范，千古留名。

比如信义。武则天称帝期间，宰相魏玄同和当时的名门裴家结成儿女亲家，还没成婚，魏玄同就被酷吏周兴罗织陷害，本人被赐死，家人发配岭南。

魏玄同死后，家人都以为，树倒猢狲散，各家自保都难，裴家肯定要悔婚。后来遇赦北还，家徒四壁，吃饭穿衣都面临困境。没办法，只好把女儿送到尼姑庵出家保命。但有个老尼姑看到魏家女儿后，就说：你女儿面相很好，一脸福相，必定能嫁个如意郎君，子孙遍天下。你们赶快设法回北方完婚。

魏家人栖栖遑遑地上道北还，刚刚走到荆州，裴家迎亲的队伍已经恭候以待。

所谓福相，应该是真的。良好的家教家风让魏家女儿恭慎谦谨，面色和润，这就是今天所说的相由心生！

后来，裴家果然一代胜一代，发达昌盛。柳玭用裴家、魏家的事例规诫子孙：

今势利之徒，舍信誓如返掌。则裴之蕃衍，乃天之报施也。——（唐）柳玭：《柳氏家训》

现在的势利小人，今天庄重承诺，指天发誓，明天就翻脸不认人，变脸如翻书。裴家恪守诺言不悔婚，不回避，所以家族繁衍，人才辈出，这是老天的回报。

裴家恪守信义不仅繁衍了自己的家族，还振兴了魏氏家族，两家共同为国家培育了无数精英，这是德报，而非天报。

裴氏家风家教如此，魏氏家族也相当不错，下面还要涉及。两家高义尚德，造就了两大家族的代代延续。所以，王安石在给歙县许家宗谱写序的时候，提出一个观点：

盛德者必百世祀。——（宋）王安石：《古歙许氏宗谱传》

有盛德的家族必然千年不陨不替，发达昌盛。

比如俭约。俭约是一种生活习惯，也是一种可贵的善德。既可以磨砺儿孙的性情，还能够保证家族世运的传承。对一个家族而言，这无疑也是一种“功德”。

朱熹曾作诗自警，说：“世路无如人欲险，几人到此误平生。”贪欲过甚，有三个结果：丧德、败家、伤身。而俭约不单是生活简朴，还是恬淡心志，葆育德行，最终惜福兴家，积德报功。

康熙朝宰相张英总结慈、俭、和、静为四大长寿秘方，要求儿女们领会。他把俭分为饮食、嗜欲、言语、交友、应酬、夜坐、饮酒、思虑八个方面，实际上提倡的是一种简淡的人生理念和生活方式，认为对身体、神智、心理健康都有益处。① 他的儿子张廷玉秉承父训，以俭立德，终至成功。

从反面考察，要积德积功，最重要的就是不动心、不亏心。

元代大儒许衡夏天经过河阳，饥渴难耐，突然看见路旁一棵梨树，大家纷纷上前摘梨解渴。许衡却端坐梨树下，一动不动。同行的问他：渴不渴？他点头。为什么不摘梨？他摇头。理由：不是自己的东西，不能妄取。同行的说：世道这么乱，人都逃光了，哪还有什么主人？许衡回答说：

梨无主，吾心独无主乎？——《元史·许衡传》

---

① 张英《聪训斋语》：“俭于饮食，可以养脾胃；俭于嗜欲，可以聚精神；俭于言语，可以养气息非；俭于交游，可以择友寡过；俭于酬酢，可以养身息劳；俭于夜坐，可以安神舒体；俭于饮酒，可以清心养德；俭于思处，可以蠲烦去忧。”

战乱年代，梨树无主，但自己心里怎么能无主呢？

这就是不动心。凭着这种意志和德行，许衡成为元代第一大儒，两个儿子也成为一代显宦。

再看不亏心。刚才讲了，武周时期的宰相魏玄同被周兴诬陷入狱，又被武则天赐死。执行死刑的官员房济很同情魏玄同，悄悄出主意：老人家你为什么不告密？一告密皇帝就会召见你，你就可以洗清冤屈，保住身家性命。魏玄同大气凛然[①]：

人杀鬼杀，亦复何殊？岂能作告密人邪（yé）！——《资治通鉴·唐纪》

人活一世，被人杀，被鬼杀，有什么区别？我魏玄同岂是告密之人？从容就死，时年 73 岁。

这就是不亏心。

告密是人类恶性的经典呈现。武周一朝，动用酷吏，罗织罪名。一时小人上位，天下惶惶。来俊臣、万国俊等人理论联系实际，刻苦钻研，精心总结，打造了中华文明史上臭名昭著的奇书——《罗织经》。为什么臭名昭著？因为这是一部诱发人类恶性的角斗阴谋之书。是智慧，但陷于邪恶；是智谋，但仅限于阴谋。

简单列举几条吧。

名为虚，智者不计毁誉；利为上，愚者惟求良善。——（唐）来俊臣、万国俊：《罗织经》

名声都虚而不实，真正的聪明人从不计较毁誉这些虚名；利

---

①《旧唐书·魏玄同传》语词稍异。“永昌初，为周兴所构，云玄同言：‘太后老矣，须复皇嗣。’太后闻之，怒，乃赐死于家。监刑御史房济谓玄同曰：‘何不告事，冀得召见，当自陈诉。’玄同叹曰：‘人杀鬼杀，有何殊也，岂能为告人事乎！’乃就刑，年七十三。”

益至高无上，只有蠢笨的人才一味地追求善良诚信这些华而不实的东西。

罪人或免人罪，难为亦为也。——（唐）来俊臣、万国俊：《罗织经》

加罪于人，要像鬣狗一样，死咬不放，这样就可以免去自己的罪行；拿人钱财替人消灾，要发扬虎狼好斗精神，要知道避实击虚，这两件事难度再大，也要排除万难，一往无前。

事不至大，无以惊人；案不及众，功之匪显。上以求安，下以邀宠。其冤固有，未可免也。——（唐）来俊臣、万国俊：《罗织经》

事情不搞得天下皆知，就产生不了社会效应；办案如果牵连不广，弄不出惊天大案，就难以彰显自己的功劳。人为制造大案、要案，上可保自己平安无事，下可赢得上级宠幸。如此一来，肯定有些冤案、错案、假案，但要立功、自保、固宠，必须拿这些牺牲品垫背。

罪无实者，他罪可代；恶无彰者，人恶以附。心之患者，置敌一党；情之怨者，陷其奸邪。——（唐）来俊臣、万国俊：《罗织经》

诬陷罗织得讲技巧。抓住一个人，这个罪名套不上，就用其他罪名扣上去；如果找不到显著的恶行，就拿他人的恶行来证罪。如果是自己的心头大患，就把他放在敌对党，一举剿灭；有私怨私仇的，就诬陷他是奸邪，让他倾家荡产，永世不得翻身。

不能再举了，再举下去，估计一般人受不了这种心理恐惧。

如此行径，在古代也称为“德”，但是叫“凶德”。这种德，也能立功，但是“势功”而非“功业”！“势功”者，权势在，就是“功”；权势败，即为“孽”！

这就是魏玄同不选择告密的真正原因！告密，不仅玷污终生的好人品，还会被青史打入奸邪小人之列，害人害己害子孙。

当然，如果他选择告密，裴家的悔婚势成必然。毕竟，名声对一个家族来说远远大于实际的利益，德行才是一个家族代代相传的永恒动力！

《罗织经》的影响力有多大？据说，酷吏周兴实践经验丰富，但理论水平有限。拜读之后，敬仰之情如滔滔江水连绵不绝。精明强悍的狄仁杰看了《罗织经》，毛发直立，冷汗不止，晚上还做噩梦。另据说，武则天看了，慨叹不已，说：如此机心，朕未必过也！毅然决然地终止了长达十多年的政治迫害。

不动心、不亏心是一种人格塑造，这必然涉及一系列禁止性规范。那么，历代家法对此又有哪些具体的要求和措施呢？

功德（下）

上一讲我们讲到历代家法主张以德养功，以功辅德，功德互补，既有正面的道德要求，还有反面的禁止性规范，其中最重要的就是不动心、不亏心。

为什么选择武则天时代为样本？因为这是一个考验人心、人性的特殊时代！武周时期，小人肆虐，酷吏横行，世道人心，为之大坏。比如周兴，聪明绝顶，精通法律，但心术不正，忌刻深险。一朝执掌生杀大权，就肆意妄为，揽誉邀功。

他的恶绩有三：一是建议废除唐宗室，建立武周政权，迎合了武则天的政治野心；二是冤杀、妄杀数千人，以恐怖手段巩固了武周政权；三是和来俊臣等人推行酷刑，"定百脉""突地吼""死猪愁""求破家""反是实"，还有什么"凤凰晒翅""驴驹拔撅""仙人献果""玉女登梯"都属于他们的独创发明。

反人道、反人伦的结果，周兴自己也被罗织入罪。武则天下令来俊臣收拾他。大家都是同行同僚，谁有什么招数彼此都心知肚明。来俊臣想来想去，就是想不出用什么招数让周兴开口认罪。苦思冥想后，大腿一拍，计上心来。他邀请周兴一起吃工作餐，虚心求教：如果人犯打死不开口，得不到口供怎么办？周兴无私地奉献了一项新发明：用一个大瓮把嫌犯装进去，在四边煨上炭火，像烤猪、烤羊、烤鸡一样，人犯没有不开口的。来俊臣心中暗喜，说：我们马上做个试验。于是找来大缸子，煨上炭火，一会儿缸子就热乎了。周兴还左看右看等嫌犯入瓮。来俊臣说话了：对不住老兄，有人告发你，皇上让我来处理，谢谢你的创意，进去蹲着吧。周兴惶恐不已，叩头不止，当场认罪。[①]后来免去死罪，发配岭南，在半道上被仇人杀死。而不可一世的来俊臣被斩于西市，死后尸体被官民抢光吃光，还被纵马践踏尸骨，后来又被武则天下令灭族。[②]

武周一朝，是考验人性的最重要的历史节点。无论是忠臣、直臣，如魏玄同、徐有功之辈，还是亏心、丧心的酷吏，如周兴、来俊臣之辈，抑或是沉默的大多数，都成为政治机器的人性试验品。有人破家亡命，有人赤族灭种，更多的沉默者、妥协者成为待宰羔羊。

幸好，亏心、丧心的酷吏们没有逃脱命运的魔咒：武则天为了洗清自己，向天下臣民有个交代，又将走狗、打手们送上不归之路。

魏玄同、徐有功等人，成为后代家法的正能量；周兴、来俊臣则成为邪恶、邪能的经典反派。

虽然这样说，不动心、不亏心还是太抽象，教育效果难以普及家族幼年子弟和闺阁之流，怎么办呢？围绕道义原则，历代家法又通过一些具体的禁止性规范约束子弟，力求德行、功业两

①《资治通鉴》："兴曰：'此甚易尔！取大瓮，令囚入中，何事不承！'俊臣乃索大瓮，火围如兴法，因起谓兴曰：'有内状推兄，请兄入此瓮。'兴惶恐叩头伏罪。"张鷟《朝野佥载·周兴》更为详审："唐秋官侍郎周兴，与来俊臣对推事。俊臣别奉进止鞫兴，兴不之知也。及同食，谓兴曰：'囚多不肯承，若为作法？'兴曰：'甚易也。取大瓮，以炭四面炙之，令囚人处之其中，何事不吐！'即索大瓮，以火围之，起谓兴曰：'有内状勘老兄，请兄入此瓮。'兴惶恐叩头，咸即款伏。"

②《资治通鉴》："丁酉［万岁通天二年（697 年）］，昭德、俊臣同弃市，时人无不痛昭德而快俊臣。仇家争啖俊臣之肉，斯须而尽，抉眼剥面，披腹出心，腾蹋成泥。太后知天下恶之，乃下制数其罪恶，且曰：'宜加赤族之诛，以雪苍生之愤，可准法籍没其家。'士民皆相贺于路曰：'自今眠者背始帖席矣。'"

不误。

第一，不仗势谋功。中状元是中国读书人的极致梦想，金榜题名，洞房花烛，打马游街，风光无比。这看起来有点低俗，但表面的风光隐含的却是一个家族的荣耀和未来不可限量的光辉前程。

历史上的状元是否都名副其实？未必。有一类人，墨水不多，才情有限，但仗势谋功盗名，连科举这种清净之地也染上了官场的奔竞之风。正史没有记载秦桧是状元，但按照民间传说，秦家一门三状元。也就是说秦桧是状元，他儿子秦熺是状元，他孙子秦埙（xūn）差点成了状元。

秦桧是否是状元，还需要进一步考证；但他的儿子秦熺确确实实是状元；孙子秦埙，考官拟定的是状元，但被皇帝压到第三名。

秦桧本无子，秦熺是他妻兄王唤的"孽子"——小老婆生的孩子。大老婆容不下，刚好秦桧又没孩子，就送给秦桧。秦熺如何当上状元的？《宋史》中有明确记载：

时秦熺挟宰相子以魁多士，同年皆见之。——《宋史·李浩传》

哪怕不是亲爹，秦熺还是凭借宰相儿子的身份荣登状元榜首，搞得那些同年趋之若鹜，拜会结交。

秦埙的状元又是怎么回事呢？是考官的一厢情愿，暗箱操作。史料记载，当时的考官、监察团队都是秦桧一手安排布置的。监察御史董德元负责纪律监察，却从誊录的考卷中找到了秦埙的考号，大喜过望，向团队报喜说："吾曹可以富贵矣。"——这下我们都发达了。

不用说，这状元归秦埙。刚刚定下名次，还没填榜、开榜，考场分管领导，吏部郎中兼太常少卿沈虚中就忙着要报喜报功。但考场依法封闭，任何人不得出入。怎么办？堂堂四品大员，进士出身的沈虚中像野猫一样翻过院墙，连夜赶到秦府传递信息。后来这帮人真的发达了好一阵子，“野猫英雄”沈虚中后来还当上了吏部尚书。①

还好，高宗皇帝看出来了，说秦埙的策论都是他爷爷和他爹的套路和腔调，没有自己的独立观点，将他压到了第三名。②

南宋著名学者吕中对此类现象深恶痛绝。他谴责秦桧：

进士榜中，悉以亲党居之，天下为之切齿，而士子无复天子之臣矣。——（南宋）吕中：《宋大事记讲义》

进士榜中，很多都是秦桧的亲戚、党羽子弟，天下读书人恨得咬牙切齿，而很多进士不再是天之骄子，反倒成了秦门走狗！

第二，不苛剥成功。武周时期，李义府归附武则天，当面谄谀，出朝就鼻孔朝天，待人刻薄苛暴，动辄兴起大狱，还卖官鬻爵，特别贪婪女色，不管是别人的女儿，还是妻妾，甚至是婢女，看上了就要，不到手绝不罢休。

唐高宗有一次告诫他说：你儿子女婿都比较任性张扬，罪过多多，我先帮你盖住，你自己回家教育教育，不要再为非作歹。

换作一般人，早就叩头请罪谢恩了。李义府什么反应？仰起脖子抬起头，质问皇帝：是谁告的密？高宗不告诉他，他勃然大怒，反身背手，扬长而去。皇帝面前都这么猖獗，是谁给他这么

---

①《建炎以来系年要录》卷一六六：绍兴二十四年（1154年）三月辛酉（八日），上御射殿策试正奏名进士。先是，秦桧奏以御史中丞魏师逊、权礼部侍郎兼直学士院汤思退、右正言郑仲熊同知贡举。吏部郎中、权太常少卿沈虚中，监察御史董德元、张士襄等为参详官。师逊等议以敷文阁待制秦埙为榜首，德元从誊录所取号而得之，喜曰：“吾曹可以富贵矣。”遂定为第一。榜未揭，虚中遣吏逾墙而白秦熺。

② 吕中《大事记》：“桧子既尝为举首，又以其孙埙为举首，上觉之，遂居第三。”

大的胆子？不说大家都知道：武则天。①

李义府骄横苛暴，同样是高宗朝的宰相张文瓘（guàn）却提供了另一个样本。此人谦谨自牧，仁厚处世。担任司法长官的时候，宽缓狱政，严明法纪，平反冤假错案，狱中囚犯，感恩戴德。后来，张文瓘生病，狱囚为他设斋祈祷。他升任侍中，离任时，群囚痛哭失声。他的六个儿子中，有四个官居三品，当时人称“万石张家”，舆论一致认为是福善之报。②

真正的原因不是福报，而是张文瓘以自身的言行和严格的家教成就了自己和后代儿孙的美德和功业！比较之下，李义府自己被唐高宗贬到四川西昌，妻子儿女被发配边疆。李义府自己活生生被气死，后来虽然被武则天平反封赠，可惜武则天一死，又被唐睿宗废止。

到了宋代庆历年间，宰相贾昌朝认为官风大坏，官员多以苛剥营求政绩，邀功博名。其结果就是：

后生辈当官治事，必尚苛暴，开口发言，必高诋訾（zī）。市怨贾祸，莫大于此。——（宋）贾昌朝：《戒子孙》

下一代人做官办事，动不动都以苛暴为时尚，开口说话，都是贬低辱骂同僚。这是做官的大忌，树怨招祸，后患无穷。

贾昌朝教诲子孙说：这样的人，显赫一时，但不得善终。他

---

①《大唐新语》：“李义府定策立则天，自中书舍人拜相，与许敬宗居中用事，连起大狱，诛锄将相，道路以目骇。入则谄谀，出则奸宄，卖官鬻狱，海内嚣然。百寮畏惮，如畏天后。高宗知其罪状，谓之曰：‘卿儿子女婿，皆不谨慎，多作罪过。今且为卿掩覆，勿复如此！’义府凭恃则天，不虞高宗加怒，勃然变色，腮颈俱起，徐对曰：‘谁向陛下道此？’高宗曰：‘但知我言，何须问我所从得耶！’义府怫然，竟不引过，缓步而出。”

②《大唐新语》：“（张文瓘）初为大理卿，旬日决遣疑狱四百余条，无一人称屈。文瓘尝卧疾，系囚设斋以祷焉，乃迁侍中，诸囚一时恸哭。其得人心如此。四子，潜、沛、洽、涉，皆至三品，时人呼为‘万石张家’。咸以为福善之应也。”

们的子孙因为父祖缺德经常被压制打击，很难出人头地，更谈不上建功立业。

第三，不谄媚图功。唐代王义方性情耿直，魏征当宰相时，很赏识他，要把妻子的侄女嫁给他，他不干。魏征死了，他又跑去求亲。别人问他，你这是瞎折腾什么呀？王义方的回答是，宰相活着，我不能阿附投靠；宰相死了，我得对得起他的盛情厚望。

李义府当政后，如果王义方阿附、谄媚，或者选择闭嘴，都能过上好日子。但谄媚不符合他的三观，剩下的就只有两条路：弹劾或者沉默。他自己也很矛盾。[①] 于是回家请教母亲该怎么做。母亲大义凛然地告诉他：你弹劾奸臣是为国尽忠，我即便死了，也感到荣幸。[②]

有了母亲的支持，王义方认为弹劾李义府不仅能够为国除奸，还能留下万代美名。于是毅然决然地弹劾奸相，后来被流放莱州，靠授徒为生。母亲死后，隐居不出，终老田园。

第四，不觍颜求荣。我们拿同一个时代两个人的不同命运来比较。这两个人都是唐代人，都很有名：一个是家法森严、仕途显达、功德俱全的柳仲郢；另一个是名传千古的大才子李商隐，才高德亏，蹉跎一生，抑郁早亡。

柳仲郢出身世家，父亲柳公绰，叔父柳公权，世代以礼法持家，对子女教育极为严格甚至苛刻，所以自少至长，柳仲郢都能

---

① 初，义方将弹李义府，惧不捷。沉吟者久之，独言曰："可取万代名耶？循默以求达耶？"——《大唐新语》

②《新唐书·王义方传》："义方自以兴县属，不三时拜御史，且疾当世附离匪人以欺朝廷，内决劾奏，意必得罪，即问计于母。母曰：'昔王母伏剑，成陵之谊。汝能尽忠，吾愿之，死不恨。'"

孝友恭敬、清廉守正，仕途也一帆风顺，步步高升。比较之下，李商隐的悲剧既是个人的，也是家族的。

首先，失于父教，功名心切。李商隐父亲早逝，无从接受父教，加上又是长子，所以急于功名，急于做官，这一点情有可原，贫贱子弟为了自己和家人，都想尽早发达，撑起家业。

其次，违心站队，功德两亏。李商隐性格早熟，心胸狭窄，敏感还多疑，自卑又自傲，这必然影响他的价值观和行为选择。他生活在牛李党争的政治背景下，已经够复杂，加上这种性格，必然会影响他的仕途。

李商隐的前景本来是一片光明。想当年，他应当属于典型的牛党。牛党骨干令狐楚不仅悲怜他的身世，还特别赏识他的才华，从不拿他当外人。招纳他进了幕府，亲自教授文章技艺——写作公文的技巧，还让他和自己的孩子们一起学习、讨论、交朋友。开成二年，他参加科举考试，当年的主考官刚好又是令狐楚儿子令狐绹（táo）的好友。不用说，令狐家帮了大忙。李商隐顺利考中进士并授官秘书省校书郎，后来又外派为弘农县尉。但很快，李商隐觉得自己才气高，名声大，这官位也太小了，不知道要何年何月才能出人头地。于是，不听劝告，毅然辞职。

几年后，当他想一步一个脚印从头再来，武宗会昌二年设法又回到秘书省任职。可惜职位就是个“正字”，品阶比刚刚出道的“校书郎”还低。大中二年，李商隐写信给仕途飞升的令狐绹，希望他援引提拔推荐，但令狐绹没回信。只好自己参加公务员考试，考中了一个官位：周至县尉，很悲惨，十年前他就是弘农县县尉。

令狐家为什么会从感情上和仕途上断掉和李商隐的联系？这是李商隐咎由自取。因为他忙于站队，却忽略了起码的道义立场。李商隐中进士后，牛党渐渐失势，李党势力日渐强大。李商隐做了一件看起来很聪明的事：他急于升迁，攀上河阳节度使王茂元，不仅成了王茂元幕府的从八品掌书记，还娶了王茂元的女儿为妻。

这事很聪明，可惜，亏德失义，是笨招、昏招。

为什么说李商隐亏德失义？因为王茂元是李党的骨干。

为什么是笨招、昏招？因为李商隐自己跳进了道德牢笼，无法自拔。在牛党看来，令狐家对他恩重如山，他却背恩、背叛，是败德；在李党看来，他是牛党的骨干，今天能背叛牛党，迟早会背叛李党。如此骑墙投机，李商隐把自己搞成了两不靠：牛党憎恶，李党讨嫌。

后来，节度使岳父王茂元去世，李商隐失去靠山，回到长安谋发展，发现所有的“门”都关上了。只好千里迢迢奔赴桂州，投靠李党桂管观察使郑亚。哪知道，脚跟没站稳，令狐绹入朝辅政，李党受到严重打击，郑亚被贬官循州，李商隐只好跟随而去。

大中三年，李商隐回到长安，无房无车，无职无位，只好寄居在京兆尹卢弘正家。

大中四年，令狐绹出任宰相。

李商隐开始后悔当初的选择，不停写信忏悔、自责，要求改换门庭。令狐绹没有回信。李商隐只好跟着卢弘正到了徐州，后来，卢弘正徐州幕府解散，李商隐再次沦为社会闲散人员。

没办法，李商隐再次寄信给令狐绹，姿态更低，词语更哀恳。令狐绹终于念及旧情，给了他个虚职：太常博士。

这个时候，柳仲郢向李商隐伸出了援手，招募他到自己的剑南东川节度使幕府担任秘书，任职地点在今天四川三台县。

与李商隐一样，柳仲郢也身处牛李党争的白热化阶段。但他秉持家风父志，做事不偏不倚，不阿附，不骑墙，持理守正，在道德上获得了两党的一致认可。柳仲郢是牛僧孺的老部下，深得其欢心。但在处理案件的时候，不偏袒，不罗织，循礼守法。以至于李德裕都认为他公正无私。不仅没有生出嫌隙，反倒保举他当上了位高权重的首都最高行政长官——京兆尹。

柳仲郢必须谢恩。他怎么说呢？他诚恳地告诉李德裕说：您二老合不合，我当晚辈的不能评价，也不敢评价。但二老对我都有恩，我都得心存感激。

后来柳仲郢虽然也曾遭受打击，但他不需要觍颜乞怜，奔竞求官，自然会有很多人站出来帮他说话，很快就东山再起。

从这个意义上讲，做官依仗的不是势位和钱财，也不是运气和朋友，而是德行人品和才干学识。

当然，柳仲郢必然卷入牛李党争的旋涡，但他都能秉承原则，不丧心，不亏德，不违良知。比如，李德裕以门荫入官，对那些科考入官的进士们不以为然。但柳仲郢认为，青灯黄卷几十年，不是为个好出身，谁愿意干？所以，在他任上，进士们都能得到美官。除了庆生、吊死两种特殊情形，他从不到宰相府邸拉关系，跑感情。

更感人的是，当李德裕死于贬所，家中没有经济来源，穷困异常。柳仲郢当时是盐铁使，马上将李德裕堂兄的儿子征为推官，管理苏州一带盐运，让他领工资养家活口。

宰相令狐绹不干了：你凭什么要帮老对头李德裕？

柳仲郢写信解释：李家已经人死财灭，你总得给别人留条后路。我受两家的恩惠，但绝不能谁倒了就踩谁，谁上了就捧谁。要那样，我还能取信于谁呢？

令狐绹看完信，深受感动。理解了他的苦心、善心、良心，听从了他的建议。

这就是德行的力量，也是救危扶困的功业。哪怕他是曾经的敌人。

但李商隐就不同了。虽然柳仲郢同情他，给他官职、薪水，但他还是不满足，四处写信求情托人。结果不用说：四处碰壁，只能客居荥阳，艰难度日。哪怕他才高八斗，名闻天下，也没人敢用他，更没人愿意提拔他。

唐宣宗大中十二年，也就是公元 858 年，一代诗人李商隐抑郁而终，享年 46 岁！

今天，仰望大唐盛世的浩大天幕，李商隐无疑是其中一颗璀璨的星斗，炫目迷人，名传万世。但一代诗人的现实悲剧也说明功德不可分，先有德，后有功。急功近利，阿附求荣，丧失的不仅仅是人格，还有立场，最终还会丧失人生的机遇和终生的幸福！

福势（上）

“狡兔死，走狗烹”，历代开国皇帝诛杀功臣是中国历史上较为普遍的现象。朱元璋杀戮过重，仅仅是胡惟庸、蓝玉几个大案就杀人如麻，几万人人头落地。据说太子朱标曾经委婉劝他，不要动辄杀人伤和气。朱元璋就把一根棘杖——上面长满了刺的木棍扔地上，让太子捡起来。朱标不傻，一动不动。朱元璋说：我现在杀的人都是坏人、恶人，只有把这些刺都拔掉，才能把江山传给你，否则你那么仁慈善良，怎么能统率群臣？朱标顺口回了一句：上有尧舜一样的君主，下就有尧舜时代的百姓。言外之意，朱元璋是夏桀商纣王一样的暴君。朱元璋一听，提着凳子就砸过去，吓得太子夺路而逃，后来抑郁而终。皇位传给了朱标的儿子，也就是建文帝。但很快又被强势的叔叔朱棣篡位夺权。

为什么诛杀功臣？最重要的原因是皇帝的猜忌和隐忧——自己可以做皇帝，手下那帮兄弟有的是人才，原来同甘共苦，吃喝拉撒睡都在一起，连哪儿长个胎记，绰号叫什么，出了哪些丑事，这些人都是一清二楚。现在自己高高在上，很多兄弟免不了要羡慕嫉妒恨，一不小心，自己就会被拱下来，皇帝做不成，身家性命全没了。就算惮于自己的威势不敢动，要是自己死了，这些人能听从子孙的号令吗？与其养虎遗患，倒不如先杀掉老虎！

朱元璋这种担心不是没道理。他制伏那帮猛将没问题，换作朱标肯定就不行了。想当年，汉高祖斩蛇起义，以草根之身创立汉家天下。高祖十一年，黥布造反，刘邦病得很重，想让太子刘盈率兵讨伐。“商山四皓”认为这是很危险的事，要吕太后找刘邦哭诉：你身边那帮人，都是能征善战的枭将，只有你一个人镇得住，现在让太子去统率他们，无异于让羊去统率狼群，不被狼群撕了才怪！①

保有并维护皇权威势是诛杀功臣的首要动机，这一点是皇权的必然。和功臣们自己的行为有关系吗？大有关系！很多功臣自以为是开国元勋，功高天下，要么骄矜邀功，不仅要有福共享，还要手握重权，主宰天下，危及皇权；要么自擅威福，为非作歹，影响社会稳定。这些都为皇帝剪灭功臣提供了罪证和口实。

这就叫功高震主。当皇帝和功臣为了威势、待遇发生争端，皇帝赏无可赏，功臣面临的就只能是穷途末路。

中唐时期的郭子仪功高盖世，唐肃宗本人当面对他感激涕零，说：“虽吾之家国，实由卿再造。”（《旧唐书·郭子仪传》）——虽说是我的江山，但都是你的军功再造的。

这话出自于安史之乱平定后，肃宗皇帝的话，显示了李唐王室对郭子仪的衷心感激。

感激完了，军功章还得颁发。唐肃宗忧心忡忡地想到了另外一个问题：拿什么赏赐郭子仪和李光弼这两位功臣？他悄悄地和

①《史记·留侯列传》：汉十一年，黥布反，上病，欲使太子将，往击之。四人相谓曰：“凡来者，将以存太子。太子将兵，事危矣。”乃说建成侯曰：“太子将兵，有功则位不益太子；无功还，则从此受祸矣。且太子所与俱诸将，皆尝与上定天下枭将也，今使太子将之，此无异使羊将狼也，皆不肯为尽力，无功必矣。臣闻‘母爱者子抱’，今戚夫人日夜侍御，赵王如意常抱居前，上曰‘终不使不肖子居爱子之上’，明乎其代太子位必矣。君何不急请吕后承间为上泣言：‘黥布，天下猛将也，善用兵，今诸将皆陛下故等夷，乃令太子将此属，无异使羊将狼，莫肯为用，且使布闻之，则鼓行而西耳。上虽病，强载辎车，卧而护之，诸将不敢不尽力。上虽苦，为妻子自强。’”于是吕泽立夜见吕后，吕后承间为上泣涕而言，如四人意。上曰：“吾惟竖子固不足遣，而公自行耳。”

谋士李泌（bì）探讨：

今郭子仪、李光弼已为宰相，若克两京，平四海，则无官以赏之，奈何？——《资治通鉴》卷二一九

现在郭子仪、李光弼两个人官都封到宰相了，如果他们恢复两京，平定四海，就没有官职可以赏赐了，怎么办呢？

李泌很聪明，不敢接这招——出现这种情况，一般只有三条路可走：第一条路，赵匡胤模式，“杯酒释兵权”。皇家和功臣缔结一份契约，再发个铁券，功臣享尽荣华富贵但不掌握权力威势。一举两便，各自放心。

第二条路，刘邦模式，杀掉功臣，免去后患。朱元璋学的就是这一招。

第三条路，曹操模式，取而代之。郭子仪手握重兵，要像曹操、司马懿那样威逼皇帝禅（shàn）位，甚至直接弑君自立也不是不可能。

但当时，剥夺军权不现实，毕竟还有那么多藩镇割据和外族入侵。杀掉郭子仪更不现实，反倒是郭子仪有十足的能力和把握废了皇帝。有一次，他的第六个儿子郭暧（ài）和升平公主吵架。郭暧气急了，张口就来：你是不是仗着你爹是皇上就任性？我爹连皇位都不稀罕！公主回宫告状，希望老爹撑腰。结果她爹叹口气告诉她：你老公说的是事实，如果他郭子仪要当皇帝，这天下哪还能是李家的呢！[①]

三条路都不好走，还不能挑明。李泌怎么办呢？他很巧妙地

①《资治通鉴·唐纪四十》：“郭暧尝与升平公主争言，暧曰：‘汝倚乃父为天子邪？我父薄天子不为！’公主恚，奔车奏之。上曰：‘此非汝所知。彼诚如是，使彼欲为天子，天下岂汝家所有邪？’慰谕令归。子仪闻之，囚暧，入待罪。上曰：‘鄙谚有之：“不痴不聋，不作家翁。”儿女子闺房之言，何足听也！’子仪归，杖暧数十。”

提出了另外一个观点：

夫以官赏功有二害：非才则废事，权重则难制。——《资治通鉴》卷二一九

用官位赏军功有两个危害：如果只是个赳赳武夫，官职太高，他没有才能治理天下，这就荒废政事；如果位高权重，那就很难制约。

皇帝的担忧是真实的，李泌的观点也是有远见的，可惜批判的武器不能代替武器的批判。说实话，那时候皇帝怎么想，李泌怎么看，都不重要，一切还得看郭子仪怎么看，怎么想。

幸运的是，郭子仪没有野心，还挺有智慧。皇帝让打仗，立马冲锋向前。打完胜仗，一再推辞朝廷恩赏，严格管教子弟不得出位，不得妄行，以忠诚和低调保住了自己一家，寿至 85 岁高龄善始善终，死后备极哀荣。礼制规定宰相坟头可以高一丈八尺，但皇帝下令，郭子仪的坟头可以再高一丈。①

两千多年来，皇家和功臣之间的纠葛实际上都定格在一个问题上：如何处理福和势的关系。

这不单单是纠结于皇家和功臣之间的问题，也是困扰每一个家族的问题，所以，自然也成了历代家法的必答题。

所谓“福”，一般指富和贵，有经济地位，有社会地位；所谓“势”，一般是指权力或势力。福势决定的不单纯是一个人、一个家族的社会地位和声誉，还考验着人性，涉及家国互动和皇权安危。

曾国藩置身通显后，不停告诫家人说：“有福不可享尽，有势

①《旧唐书·郭子仪传》：“旧令一品坟高丈八，而诏特加十尺。”《新唐书·郭子仪传》：“著令，一品坟崇丈八尺，诏特增丈，以表元功。”

不可使尽。”

盛时常作衰时想，上场当念下场时。富贵人家，不可不牢记此二语也。——《曾国藩家书》

家道兴隆的时候一定要想到家道衰败的时候怎么办，身居官位要考虑下台后怎么办。凡是富贵人家的子弟，一定要牢记这两句话。

表面上看，曾国藩是要求家人富贵时要低调节俭、克制忍让，但更多是对社会规律的一种反思和反省。那么，历代家法在福和势的关系上一般秉承什么样的立场？在具体行为规范上对子女有什么样的要求？对我们今天又有什么样的借鉴意义？

就基本立场而言，历代家法都提醒子孙注意以下几个方面：

第一，辨世运。明确自己所处时代的基本规律和自身的位置，再冷静、理性地选择什么应当做，什么不应当做。今天很多人家的墙壁上都张挂着四个字，代表着家族的美好愿景。哪四个字？花开富贵。但明代许云邨提出了相反的观点：富贵怕见花开。他告诫儿孙说：

言已开则谢，适可喜，正可惧。——（明）许云邨：《许云邨贻谋》

一户人家家门太盛，要钱有钱，要权有权，要人有人，说起来是富贵荣华，有余不尽。但按照自然规律，花一旦盛开，结局就只有一个：凋谢。所以，花开富贵，固然可喜可贺，也是可忧可惧的时刻。

这和曾国藩盛时衰时、上场下场的寓意完全吻合。

左宗棠以自己的例子教育子孙，用的也是花开富贵的比喻。在给长子左孝威的信中，他说：

富贵怕见开花。我一书生，从枯寂至显荣，不过数年，可谓

速化之至。绚（xuàn）烂之极，正衰歇之征。——（清）吴庆坻：《蕉廊脞录》引《文襄公家书》

花开富贵，但富贵最怕花开。我就一书生，早年无功名，浪迹江湖，后来遭逢时运，从默默无闻的小举人，升官封侯，几年时间，从枯寂到显荣，在同时代人中，没人比我更快的了。但你一定要记住：大凡花开绚烂到最好看的时候，也就是衰歇凋残的时候。

盛极而衰，这既是自然规律，也是社会规律。个人无力扭转，只有依靠智慧和策略，将家族的辉煌传递给后代。

这种辉煌不一定是官位和财富，还可以是其他事业。比如曾、左两家的子孙后代做官的很少，但在科技、教育领域却人才辈出。反倒是很多世家大族子弟以为官位永恒，金山不倒，银山不垮，很快沦为社会底层，难以维持家声，重振家业。纪晓岚训诲子弟说：我曾经见识过很多世家大族，家道隆盛的时候，位高权重，势力强大，生杀予夺，恣意妄为，确实是无人能比，但很快家道衰败。他的那些子孙们始则挥霍祖产，任性狂赌滥嫖，祖产败光了，自然成了街头巷尾的卧草乞丐。到那时刻，他爷他爹的荣华富贵跑哪去了？①

无论是许云邨，还是纪晓岚，抑或是曾国藩、左宗棠，他们教导子女的观点都很明确：人生衰荣就在转瞬之间，一定要有忧患意识，自己振作，不可倚仗父祖辈的福势，自甘堕落。

第二，别善恶。曾国藩在家书中表达了一个观点：天主祸福，人主善恶。——祸福取决于必然性的规律，但善恶却取决于

① 尝见世禄之家，其盛焉，位高势重，生杀予夺，率意妄行，固一世之雄也。及其衰焉，其子若孙，始则任赌滥嫖，终则卧草乞丐。乃父之尊荣安在哉！——《纪文达公遗集》

自我的行为。他的理由是，人生一世，祸福不定，穷达难测。当身处富贵的时候，一定要分辨善恶，自我反省，不可仗势欺人，不可骄矜凌人。只要随时发善念，做善事，到头来，不管是穷居陋巷，还是高居廊庙，都能做到心安理得，也为后代子孙做出榜样，留下余地。

《菜根谭》很有创见地把富贵区分为三个等次：

富贵名益，自道德来者，如山林中花，自是舒徐繁衍；自功业来者，如盆槛中花，便有迁徙兴废；若以权力得者，如瓶钵中花，其根不植，其萎可立而待矣。——（明）洪应明：《菜根谭》

富贵名望利益，凡是由积善积德而来的，有如山中林间的花，水土养分，空气阳光，一派天然，自然就舒展有序，年年岁岁，应季而发；凡是由建功立业而来的，还算是花盆土槛中的花，自然会迁徙变更，有的留养，有的抛弃；如果单纯靠权力权势获得，那就只能是瓶钵中的花，没有根茎，全靠人力维持，凋谢零落也就是一夜之间的事。

《菜根谭》的比喻是经典的历史映射。我们可以举些例子来印证。比如孔子，终生劳碌奔波，推崇仁德，后代世世显荣，几千年来都没断绝，这可算作第一类。

郭子仪无疑属于第二类，虽然自己一代保住了荣华富贵，但到了第二代、第三代，渐残渐凋，可容纳千人的汾阳王府在四十年后就变成了华雄寺。王府变寺庙，这让晚唐诗人张籍感慨不已：

汾阳旧宅今为寺，犹有当年歌舞楼。
四十年来车马散，古槐深巷暮蝉愁。

——（唐）张籍：《法雄寺东楼》

汾阳王府现在已经变成了寺院，当年的歌舞楼台都还保存着。四十年过去了，当年人来人往的车马已经杳无踪迹，夕阳西下，能听见的只有古槐树下几声悠然寂寞的蝉鸣。

至于第三类，那就太多了。比如严嵩，自己有才，但奸回柔佞，残害忠良，家教缺位，儿子严世蕃飞扬跋扈，《明史》上说他“剽悍阴贼”——恃仗父亲威势，个性彪悍，阴险狠毒，贪得无厌。最终，严世蕃被显戮于市，家产全部被抄没；严嵩虽然曾经贵为首辅，却以 88 岁高龄冻饿死于荒郊墓穴，连棺材都没有。弹指一挥间，所有的荣华富贵，烟消云散。

第三，知进退。功名钱财，从无止境，如果不知进退，小则败行辱身，大者家破人亡。曾国藩深明人世奥义，劝诫家人少积钱财，多育贤才。他的理由是，身处乱世，钱财越多祸患越大。能足够所用，这就是天下的大富，人间的大福。家道要兴旺，绝对不靠田地、钱谷，靠的是有贤能的子孙。①

有钱有势的子弟，自托有福，自恃有势，傲狠不法，多趋恶道。王阳明以痛彻的口吻训导子弟：

今人病痛，大段只是傲。千罪百恶，皆从傲上来。傲则自高自是，不肯屈下人。——《王阳明家书·书正宪扇》

现在的人，最大的问题就是傲。所有的罪恶都是由傲字引发。傲则自高自大，目中无人；自视自骄，从不肯谦虚待人，虚己受人。

有的贤能之士，在取予进退上自己持身甚严，还要求子孙谦谨自敛，不骄奢张扬，不斗气斗勇。北魏太保杨椿，家富资财，官高位显，但从不一味地求财求官，眼见时局动荡，多次辞官。他还谆谆告诫儿子和侄子们：

① 处兹乱世，钱愈多则患愈大。每年足敷一年之用，便是天下之大富，人间之大福。家中要得兴旺，全靠出贤子弟。——（清）《曾国藩家书》

吾今日不为贫贱，然居住舍宅，不作壮丽华饰者，正虑汝等后世不贤，不能保守之，将为势家所夺。——《北史·杨椿传》

我历任高官，算得上是福势两全。但你们也看到了，我家住宅既不壮观也不华丽，为什么？不是我没能力修造，而是怕你们这些后辈儿孙不贤不能，没法保守家业，反而会被后起的权势之家掠夺，那样，反倒是害了你们。

杨椿的家教不仅限于财富住宅，还广泛及于官位功业。可惜他的侄子杨侃却躁进难安，参与计谋，志夺奇功，后来身亡家破。

左宗棠早年以举人之身，傲绝天下，性刚气硬，主张锐意进取。他教导子弟的话很有道理。总的原则是，穷困潦倒的时候，傲气傲骨都要有，这样就不会被人欺辱；飞黄腾达之日，就要小心谨慎，不要被人嫉害。

这看起来有些矛盾，实际上正是左宗棠为人处世的绝招。官升三品，后来还封侯，左宗棠越来越低调。在家书中，他特别谈到一个观点，不要和一般人比高低，赌输赢，该退就退，当让则让，不计较，这才是避祸远仇的智慧。

至贱无忌，富贵有畏。——（清）《左宗棠全集·家书诗文》

贫贱之人，百无禁忌；富贵人家，却多畏惧。光棍可以光着腿拦截皇帝的车驾；朝廷贵官穿戴齐整，膝盖上有灰尘还得赶快掸去。所以，地位越高，越要谦和，示人以卑；地位最低的人，反倒是天下老子第一。

左宗棠的意思很明显：不与小人竞长短、论输赢。福势之家切忌高调张扬，不要事事逞强。对地位比自己低的人，一定要卑以自牧，进退有礼，这既是肚量涵养，也是保家秘笈。

第四，明得失。人生短暂，世路坎坷。所谓福势，无非就是短暂的彩虹，炫目的幻影。况且，有得必有失，有钱有权，说起来福势双全，但诱坏子孙，招人嫉恨，这无疑是埋下祸根。所以唐代柳玭铭记祖先教诲，告诫子孙说：

夫门地高者，可畏不可恃。——（唐）柳玭：《诫子书》

柳家门第高，这是可畏的事情，切不可依仗福势，为非作歹。

唐代贤相姚崇从世态人心角度警醒子弟：

富贵者，人之怨也。贵则神忌其满，人恶其上；富则鬼瞰（kàn）其室，虏利其财。——（唐）姚崇：《遗令诫子孙文》

富和贵，都是招怨的东西。官位高了，上天忌其太满，同僚则憎恶你官高一级；钱多了，鬼都要偷看你的家室，强盗随时惦记着你的财产。

正是基于这些理性认知，清代中兴名臣、近代海军的创始人彭玉麟给弟弟写信说：

象以齿焚，麝以香殒，多藏诲盗一语，切当之。——《彭玉麟家书》

大象就是因为长了象牙，才招人焚烧杀戮；麝就是因为有了麝香才招人围猎丧身；家中多财引来盗贼。这些话说得太恰当了。

这种自然之理，似乎动物界也有直觉。所以大象死之前，会在石头上折断象牙；麝被围攻时，会咬下香腺囊逃出生天。

彭玉麟后来虽然官居两江总督兼南洋通商大臣、兵部尚书，但他给弟弟的信中却说当官当得“日坐针毡，日受油煎”，想归隐田园。按照他的观点，人活一世，衣求避寒遮羞，食求果腹充饥，夜眠六尺床，死后一抔土，荣辱得失，都在方寸之间。只要安心足心，菜根吃出橄榄味，也是人生一大乐事。

我们讲了历代家法对待福势的价值立场，那么，历代家法又是如何具体规范子孙行为的呢？

福势（下）

上一讲我们讲到古代家法处理福与势关系所秉承的原则和立场。那么，在福与势之间，古人如何训导子孙恪守特定的行为规范呢?

如何对待福与势的关系，不仅决定了自己的人生立场和态度，还会深刻影响儿孙的行为选择，最终影响一个家族甚至民族的命运。

《明史》中说严嵩自己没有什么真本事，但能一味求媚获利、固宠保位。对于儿子，不仅谈不上管教，甚至是父子相济为恶，最终父子俩共同名登“奸臣榜”。

嵩窃政二十年，溺信恶子，流毒天下，人咸指目为奸臣。——《明史·奸臣传》

《明史》的最后结论是，严嵩窃取国家政柄二十年，宠溺偏信恶子严世蕃，流毒天下，人人都指斥这对父子为奸臣。

严嵩自己知进不知退，知利不知害，一味专权夺位，贪竞不止，还杀掉曾铣、夏言、沈炼等忠臣。那么他的宝贝儿子又怎么学样的呢?

席父宠，招权利无厌。——《明史·奸臣传》

《明史》上说严世蕃脖子粗短，身体肥壮。这人缺陷太多，但最重要的一点是他拼爹、害爹，凭借老爹的权势成功将性格、品格两方面的劣势推向极端：贪和横。

这人什么都贪：权、钱、色、名，一样都不放过。住宅扩及三四坊，池塘花园几十亩，彝鼎书画珍稀宝贝数不胜数。对女色的贪婪更是近乎变态，连母亲丧期内都敢无法无天，肆行无忌。所以民间有种传说，《金瓶梅》中西门庆的原型就是严世蕃。

严世蕃不仅贪，还特别强横。比如，瞧上什么宝贝，就直接要人家作贡献，不贡不献就威胁、罗织，必到手才罢休；再如，他特别喜欢举行大型宴会，倡优伎乐般般齐全，一声令下，客人们都得喝掉杯中酒，如果不喝，就会遭到严世蕃的严厉斥责。这些人当中还包括两类人：一类是朝廷大佬，位高权重；另一类是他爹严嵩的好朋友，他的父执辈。但严世蕃本着美酒面前人人平等的原则，一样申斥，一样强迫，直到灌醉为止。①

后来，严世蕃被依法杀头；严嵩 88 岁饿死荒郊。

有人说，是严世蕃拼爹害了爹，我倒宁愿说，是严嵩先害了儿子，儿子反过来又害了爹。因为严嵩根本就没有尽到一个做父亲的责任，身居高位连最基本的福势规则都没给儿子讲清楚。

严嵩饱读诗书，对于福势关系，历史上可引以为戒或引以为荣的事例太多了。比如蔡京就可以引以为戒，司马光就可引以为荣。蔡京我们讲过了，司马光的人品好到什么程度？他离开高位，退隐江湖，立志终老林泉山水之间，但无数人为他打抱不平。他再度出山为相，老百姓欢呼雀跃，欢迎的人群阻塞街道，无法通行；他归家了，围墙上、房顶上、树上都站满了人群，瓦被踩烂，树枝踩断；司马光死后，京城老百姓主动罢市凭吊，没钱的老百姓甚至典质衣物购买供品，还将他的画像供在家中，朝夕拜祭，有画师因此发家致富。南宋吕中评价王安石是权臣，司

①《明史·奸臣传》：“其治第京师，连三四坊，堰水为塘数十亩，罗珍禽奇树其中，日拥宾客纵倡乐，虽大僚或父执，虐之酒，不困不已。居母丧亦然。好古尊彝、奇器、书画，赵文华、鄢懋卿、胡宗宪之属，所到辄辇致之，或索之富人，必得然后已。”

马光是重臣。他说：

所贵乎大臣者，非以其有过天下之材智也，必其有服天下之德望也。——（宋）吕中：《宋大事记讲义》

大臣之所以可贵，不在于他有超越天下人的才智，更不在于有一人之下万人之上的权势，而在于他有天下归心的德望。吕中甚至引申说：“一身之存亡，二百年治乱之所系也。”（《宋史全文》卷十三上）——司马光的死，影响了宋代两百年的治乱，如果有他在，就会除尽小人，就不会有后来的朋党之争！

司马光活着，没有依仗福势，谋己谋家，欺上凌下。对待儿子司马康更是严加管束。司马康本人更不会拼爹，反而勤谨自守，清正廉明，隐然有父风。以至于——

涂之人见其容止，虽不识，皆知其为司马氏子也。——《宋史·司马光传》

在路上碰见司马康，虽然不认识他，但从言谈举止上都能判断出这是司马光家的孩子。

我们讲了严嵩和司马光家对待福势的不同立场和姿态，也讲了民间和史书对两家人的不同评价。那么一般人家如何通过家法教育子弟对待福和势的关系呢？

第一，见机知变。就是要明白世事的发展规律，知道如何应对，不能一味盲目追求福势，伤身败家。

三国时期的王经，农民出身，勤奋读书，后来和许允成了冀州名士，出仕做官。当他官做到了郡守的位置，母亲就告诫他——

汝田家子，今仕至二千石，物太过不祥，可以止矣。——《三国志·魏书·诸夏侯曹传》

你是农家子弟，现在做到太守，已经很不错了。福势过分，会招来灾祸。该知足了，辞官归家过日子吧。

不是说王经母亲不想儿子奋发有为，积极上进，而是当时的政治环境极其恶劣，她想让儿子早点远离是非之地。可惜，母亲看到了危局，儿子却沉浸在官位、荣誉、名利的喜悦中，继续节节攀升，最终被杀，还搭上了母亲的性命。

还有一位女性很厉害，就是三国曹魏许允的妻子阮氏，阮德慰的女儿。阮氏出身名门，德行贤淑，明世事，多机变。但有个缺陷：奇丑无比。当年新婚之夜，许允揭开盖头一看，吓得从洞房跑出来，打死不进去。后来还是好朋友劝他重德轻色，才成就了夫妻名分。

魏明帝时期，许允担任吏部官员，多起用、提拔冀州老乡，被人告发抓捕。阮氏赶出来叮嘱丈夫：只讲道理，不要求情。所以许允见了魏明帝就说：孔子说过“举尔所知”——你让我选官，我只能选自己熟悉的。我选任的那些老乡，皇上可以去排查，看看谁不称职。如果有，我甘愿接受任何处罚。后来一排查，真的都还称职。魏明帝很不好意思，看到许允的衣服被撕坏了，就赏了他一套新衣服。

许允被抓走的时候，全家号哭。阮氏则轻描淡写地说：没事的，一会儿就回来了。下厨房烧好小米粥，过了一会儿，许允真的就回来了。①

后来许允的官位越来越高，阮氏和他的朋友崔赞都劝他，权

① 许允为吏部郎，多用其乡里，魏明帝遣虎贲收之。其妇出诫允曰：“明主可以理夺，难以情求。”既至，帝问之，允对曰：“‘举尔所知’（《论语·子路》），臣之乡人，臣所知也。陛下检校，为称职与否，若不称职，臣受其罪。”既检校，皆官得其人，于是乃释。允衣服败坏，诏赐新衣。初允被收，举家号哭。阮新妇自若，云：“勿忧，寻还。”作粟粥待。顷之，允至。——《世说新语》

势太盛，风头太健，要小心，要低调。但许允一门心思要上进，要出人头地，要建功立业。后来，朝廷任命许允担任镇北将军，许允喜形于色，跑回家去告诉妻子说：这下有兵权了，再也不用怕谁了。阮氏却突然说了一句：

祸见于此，何免之有？——《魏氏春秋》

真正的祸端就在这里，哪里免得掉？

后来，许允被杀。凶信传来，阮氏正在织布，头都没抬，也不哭，只是说：早就知道结局会如此。有人劝她，赶快把儿子藏起来。阮氏说，没必要。果然，司马师派钟会到许家相机而动，如果许允的两个儿子才艺平平，就放过；如果和他老子一样有才有能，就铲草除根。阮氏对两个儿子说：你们虽然有点小才，但和你们的爹比起来差远了。不要求情哀告，不要故意假聪明，更不要装疯卖傻，面对面、直对直就行了。两个儿子遵从母命，成功躲过了钟会的盘查，保住了性命。[①]

无论是王经的母亲，还是许允的妻子，都是以妇人之身洞察人性和世情，要求儿子、丈夫见机而退，避免福势过甚，反获灾咎，算得上是敏慧贤达之辈，非一般人所能及。

被称为元代第一通儒的许衡，官高位显，名声传天下，但在教育儿子许师可和许师敬时从不懈怠，他对福势的评价是：

今日之势，可忧而不可恃也。——（元）许衡：《许鲁斋集》

今天的权势富贵，辉煌荣光，你们要感到惊忧而不可倚仗福

---

① 生二子，奇、猛，少有令闻。允后为景王所诛，门生走入告其妇，妇正在机，神色不变，曰："早知尔耳。"门生欲藏其子，妇曰："无预诸儿事。"后移居墓所，景王遣钟会看之，若才艺德能及父，当收。儿以语母，母答："汝等虽佳，才具不多，率胸怀与会语，便自无忧，不须极哀，会止便止。又可多少问朝事。"儿从之。会反命，具以状对，卒免其祸，皆母之教也。虽会之识鉴，而输贤妇之智也。果庆及后嗣，追封子孙而已。——《魏氏春秋》

势，骄纵不法，自遗后患。

就是许衡本人，也深通潜养之道。连心高天下的王磐（pán）对他都佩服得五体投地，说他：

气和而志刚，外圆而内方，随时屈伸，与道翱（áo）翔。——《宋元学案·卷九十·鲁斋学案》

志气刚毅但面色柔和，外表圆融但持心刚正，见机明时，或隐或仕，淡然自处，与道翱翔。

不用说，有这样家教的孩子肯定不会差。许师可后被赠太子太傅，进封魏国公；许师敬更是三次担任宰相，成为一代显宦名臣。

第二，知足知止。康熙朝宰相张英曾经和儿孙们谈到一个观点，人生最得意、最高兴的事情有三样：贵、富、多子孙。但一般人只看到表面的风光荣宠，却看不到背后的险恶劫难。

他说，官场是名利场，但是非恩怨多，嫉妒陷害多，是险途而非捷径。聪明人往往望而却步，即便身在其中，也会坚持两项原则：一是力求无大过大错；二是放下欲利之心，得之欣然，失之淡然，这就是处贵之道。至于财富，辛苦操持不说，贫家借贷，亲戚求助，盗贼觊觎，仆从奸骗，生意亏本，都会搞得人疲惫不堪。只有立身清俭，待人厚道，以义制利，才是处富之道。至于多子多福，这观念更是错上加错：养育子孙，费时、费力、费钱不说，长大了未必成才，即便成才，也未必孝顺。倒不如延请良医和良师，保护好身体，学习好知识，尽到父母心意，其他不用考虑那么多，这就是处家之道。[1]

无论是处富贵，还是养子孙，张英都提到一个标准：知足

① 张英:《恒产琐言》。

知止。

唐彪在《人生必读书》中主张富贵人家对待财富一定要做到以义制利。他教诲子弟时刻牢记三点：一要知足，比上不足，比下有余，这是平衡人心的最好方法；二要明理，财富有聚有散，生不带来，死不带去，一味妄取妄求，只能增加罪孽，丧志伤神；三要坚信儿孙自有儿孙福。家财万贯传子孙，这是害子孙。要么荡尽家产，要么放利失德，要么争财损伤人伦，要么吝啬得罪仆从亲戚。①

晚清名臣彭玉麟，创办了清朝水师，我们讲到他训诫弟弟不要被世俗名利所动，说自己做官做得如坐针毡。真正的原因在于：彭玉麟本是一介寒士，终其一生，不求名不求利。清廷对他可谓仁至义尽，封他为副部级兵部侍郎，他不要；封他为安徽布政使，他也不要；后来让他担任漕运总督，有钱有权有势，他还是不要；后来任命他为两江总督，他一样推得坚决彻底，拒不受命。这就是民间“三不要”版本中的彭玉麟：不要钱，不要官，不要命。所谓不要命是指国家大难临头，他打仗不要命，负伤不上岸，生病也顶在前线。他上奏朝廷，说出了唯一的意愿：“臣以寒士始，愿以寒士归。”——我本一介寒士出身，愿以一介寒士

① 唐彪《人生必读书》：“富贵者之利财也，其义有三。一在知足。我高堂大厦，冬温夏凉。绮罗轻暖，不脱于身。肥甘膏粱，不绝于口。岂知有草房茅舍，厨灶栏厕，皆在一室者乎。岂知有寒无绵被，直卧于稻草中者乎。一日三餐薄粥，尚有不饱者乎。常以此自反于心，自然知足矣。二在明于道理。我虽积财如山，身既死，则不能分毫带去。惟因财所造之孽，反种种随吾身也。三当知子孙贫富有命。彼命优，我不遗之财，而自然有之。彼命薄，虽以万金与之，亦终不能担受，不数年而败去矣。如此三者，慎毋争利而伤兄弟手足之天伦也。毋争利而令亲戚朋友，情谊乖绝也。毋因人借贷押典，而取过则之息也。毋因交易，而斗斛权衡，入重出轻也。毋悭吝太过，而令诸礼尽废也。毋淡泊太过，而令婢仆怨恨也。此富贵者，以义制利之法也。”

归隐。

就此，他给儿子、叔叔、弟弟都作出过解释，给儿子的信说得更是真切动人：

余非矫饰，特不敢于建功立业享受大名之外，一味求田问舍，私图家室之殷实。常思谦退，留些有余不尽之福分，待子孙享受，莫为我一人占尽耳。——（清）《彭玉麟家书》

我自己一再辞官不就，还责备你修缮房屋，不是我矫情。我只是不敢在建功立业、暴得大名之后，还要去买田地，修华宅，只管自家人的殷实富裕。我心里随时想到的是，一定要知足，谦虚退让，留些有余的福分给你们后代享受，不要我一个人、一代人就占尽福势，享尽福势。

这才是彭玉麟的真心话！同样高尚无比，同样光明磊落。

正是这种知足知止，使彭玉麟与曾国藩、左宗棠并称“晚清三杰”。他死后，朝廷的谥号很贴切：“刚直”。

第三，惜福养德。按照古人的观点，一代人的福势固然来自于自己的努力，但也离不开父祖辈的教化之功。其中，很重要的一条就是教会儿孙惜福养德。

唐肃宗当太子的时候，侍候父皇唐玄宗吃饭。御厨端上来一盘羊前腿，唐玄宗让儿子分割。太子没经验，汤料黏（nián）附到刀刃上，太子赶快用饼去擦拭刀刃，唐玄宗看得很不舒服。哪知道，太子慢慢地拿起饼吃掉了，唐玄宗很高兴，说：以后做天子，就要这样惜福。①

这是以俭德惜福，算得上是皇家教育的精品。

---

① 王谠《唐语林·德行》：“肃宗为太子，尝侍膳。尚食置熟俎，有羊臂臑（nào）。上顾太子，使太子割。肃宗既割，余污漫刃，以饼洁之，上熟视，不怿；肃宗徐举饼啖之，上大悦，谓太子曰：‘福当如是爱惜。’”

一般官宦人家虽然不会拼爹、害爹，但为了保住福势，总会做一些安全保障措施，防范他人觊觎偷盗抢劫。司马光怎么做的呢？他家新房子修好后，司马光突然发现墙外暗地里埋了不少竹签。他立即就问为什么这样做？管事的人说：这不是家里人走的地方，插上竹签防盗。司马光很严厉地说：我家箱子里有多少钱财值得别人来偷盗？况且，小偷也是人，被竹签扎伤，这也太不人道了。命令立即全部拆除。①

这是以德容人。

同样是北宋的寺丞孔牧，在汝州做官时，有片水果蔬菜地靠近水边，有人晚上游水过来偷菜摘果。孔牧一看，这蔬菜水果值几个钱，要是把人淹死了，那就不值了。干脆在水上修起一座桥。桥修起来了，但小偷却不来了——不好意思来了。②

这是以德化人。

唐代襄州都督于頔（dí）凌上威下，骄横不法。他要求将襄州提升为大都督府，唐宪宗答应了；他的儿子要尚公主，皇帝也答应了，把永昌公主嫁给他第四个儿子，后来还当了宰相。当时，人们就把横行无忌的节度使称之为“襄样节度”。但这人有个好处，就是善待读书人。不管是真心同情、佩服读书人，还是为了博取名声，于节度使做了一件好事。穷酸书生崔郊和一个婢女私订终身，哪知道，婢女家太穷了，就把这婢女卖给了于大人。婢女长得漂亮，还精通音律，自然深得宠幸。

---

① 郑瑄《昨非庵日纂·种德》：“见墙外暗埋竹签，问之，曰：此非人行之地，将防盗也。公曰：吾箧中所有几何？且盗亦人也，命去之。”

② 郑瑄《昨非庵日纂·种德》：“孔寺丞牧，以文行推。在汝州，仆有执盗竹木者，牧释之。问所欲之数，俾如其意，盗愧谢。所居园圃近水，有夜涉水盗蔬果者，孔曰：‘晦夜涉水，或有陷溺。’即为制桥，盗惭不复渡。”

这样一来，崔郊绝望了，写下一首诗，很有名——

公子王孙逐后尘，绿珠垂泪滴罗巾。

侯门一入深如海，从此萧郎是路人。

——（唐）崔郊：《赠去婢》

这诗流传开来，有人想害崔郊，就把情况告诉了于大人。于大人马上招来崔郊说，诗写得很好，人你也带走。附带还送了很多嫁妆，足够两人安然度日。

这是成全婚姻。可惜，丁节度使这种惜福积德的风范既没有发扬在官场，也没传递给儿孙，他死后得了恶谥：厉。儿子于敏依仗父亲的权威，杀人肢解，后来被赐死。

第四，慎行免祸。《菜根谭》有句话，可算是福和势关系的经典注脚：

若业必求满，功必求盈者，不生内变，必召外忧。——（明）洪应明：《菜根谭》

如果一味追求财富满仓，功高盖世，只能引发两个后果：不是内生异变，就是外招祸患。

庞尚鹏曾任万历年间福建巡抚，他教育子弟说：财富一定要取之以义，否则子孙不仅不能享受，反而会招来祸患，或者吃喝嫖赌，败家伤身，或者被人劫夺偷盗。他特别形象地给子弟们解读说：

古人造“钱”字，一金二戈，盖言利少而害多，旁有劫夺之祸。——（明）庞尚鹏：《庞氏家训》

古人造字很有智慧，金旁边是二戈，说明钱财少利多害，多财必多祸患。

当然，庞尚鹏的解释属于道德解释，而不是精准的语义解释，但他确实明白了如果不把钱财和道义的关系解释清楚，子孙很可能误入歧途。骄、奢、惰三气一旦滋长，父祖辈的福势就成为子孙的祸胎。

唐代宰相姚崇以扑满作比喻，要求子孙谦虚慎行：

谦以自守，虚而能受。——（唐）姚崇：《扑满赋》

扑满因为谦静，所以能够自守；因为虚心，才能受财。一旦满盈的日子来到，就是破败的日子。

后代姚氏子孙将姚崇的家训、遗嘱视为“藩篱”——守卫家族的防范工具，谨言慎行，世代遵守。有唐一代，仅仅是姚崇一族就有京官 18 人，任都督、刺史、县令者达 32 人。

由此而论，知道了福势的辩证关系，才能传递给子孙后代正确的三观，也才能培养他们良好的品格和健全的人格，最终保身全家，世泽绵绵，嬗递不绝。

名利（上）

春秋时期的孙叔敖是著名的水利学家，修建了举世闻名的淮河水利工程；又是著名的政治家，担任楚国的最高军政长官——令尹，辅佐楚庄王成为“春秋五霸”。

孙叔敖也是一个难得的清官，死了之后连丧葬费都凑不出，他的儿子只得上山打柴贴补家用。

孙叔敖还是一个特别有智慧的人。他死的时候，专门叮嘱儿子说：我活着的时候，楚王无数次要给我封地、赏钱，我都拒绝了。我死之后，楚王肯定会选择很好的地方来埋葬我，你千万不能接受。楚国、越国之间有个地方叫“寝丘”，土地贫瘠，名字又不吉利——寝丘，就是埋葬死人的地方，肯定没人争抢。加上楚越一带的百姓都崇奉、忌惮鬼，你把我埋在那儿，绝对不会出现什么意外。

孙叔敖死后，楚庄王果然感念他的功劳和人品，赏赐了一块很好的墓地，册封给他，但他儿子坚守父命，只要寝丘这地方。楚庄王认为这父子都很固执，只好同意。[①]

---

① 此事与典籍记载事迹相同，个别词语略有异。《列子·说符》：“孙叔敖疾，将死，戒其子曰：‘王亟封我矣，吾不受也，为我死，王则封汝。汝必无受利地！楚越之间有寝丘者，此地不利而名甚恶。楚人鬼而越人禨，可长有者唯此也。’孙叔敖死，王果以美地封其子。子辞而不受，请寝丘。与之，至今不失。”

《吕氏春秋·孟冬纪》：“孙叔敖疾，将死，戒其子曰：‘王数封我矣，吾不受也。为我死，王则封汝，必无受利地。楚、越之间有寝之丘者，此其地不利，而名甚恶。荆人畏鬼，而越人信禨。可长有者，其唯此也。’孙叔敖死，王果以美地封其子，而子辞，请寝之丘，故至今不失。孙敖叔之知，知不以利为利矣。知以人之所恶为己之所喜，此有道者之所以异乎俗也。”

寝丘地段不好，远离城市；土质贫瘠，鸟不生蛋；处在两国之间，随时都可能发生战争；名字还不吉利。按照传统风水学，属于典型的“凶地”，修了房子就是“凶宅”。一向精明强干的孙叔敖为什么在临死的时候还要做出如此违背常理的安排？

实际上，这并没有违背常理。孙叔敖名满天下，却一再修德让利，是参透名利关系后的一种理性选择。换句话说，这就是孙叔敖传授给儿孙辈非同一般的遗产，是一种“不利之利”的大智慧。

什么叫不利之利？看起来吃了亏，实际上不仅没吃亏，还获得了可观的利益。孙叔敖的智慧表现在：

首先，避名。孙叔敖位极人臣，天下知名，一旦死后还葬在肥美之地，估计不到一年就会有“摸金校尉”之类的专业人士盗墓开棺，死了都不得清静。同时，他的儿子在他死后穷困无依，靠打柴为生，墓葬地还是穷荒之地，名字也不吉利，穷困、穷荒加不吉利，这样自然避开了所有的羡慕嫉妒恨，不会有谁和他的后代儿孙过意不去。不要说盗墓，小偷都不愿意光顾。

其次，避利。风水宝地是有限的稀缺资源，谁见谁眼红。古人一样拼爹，要么拼老爹的官位、爵位、名气，要么就拼祖先埋得好，希望后代儿孙高官厚禄，代代不绝。但问题是，风水宝地必然成为众多豪强官员抢夺的对象，破棺夺地、危及子孙的事情不在少数。埋身穷乡僻壤，自然无利可图，孙叔一家自然也就高枕无忧——孙叔以前算是复姓，后来简称为孙姓。

名利是人一生的纠结和牵绊。历代家法如何教导子孙认知名利之间的关系？根据历代家法家训，古人将名利分解为五对关系并通过言传身教训导子孙。

第一对关系，欲与利。古人教导子孙要明白一个道理：欲望无穷，势利有尽。民间的通俗表达是，人在浅丘望大山，攀上大山想登天，登天还要当神仙。人心如此，一辈子贪求无厌，眼中看到的是金钱利益，心中想的是高官厚禄，辛苦挣扎几十年，永无宁日，人生哪还有乐趣可言！有鉴于此，宋代的李邦献劝诫子孙说，认清了欲和利的关系，就认清了生命的本质：

功名官爵，货财声色，皆谓之欲，俱可以杀身。——（宋）李邦献：《省心杂言》

功名富贵，财货美女，这些都是激发人类欲望的东西，也是杀生的东西。中状元、当高官、得显爵、广财富、多妻妾，这些耗尽了无数人的青春和生命，还招来无穷无尽的意外祸患。

司马光认为名利为身心之累，主张寡欲节利。他训导儿子说：

君子寡欲则不役于物，可以直道而行；小人寡欲则能谨身节用，远罪丰家。——（宋）司马光：《训俭示康》

有道君子寡欲，就不会被所谓的利欲约束、牵绊，可以直道而行；老百姓寡欲，就能够粗茶淡饭，不会忘乎所以，不会招来怨恨嫉妒，不断充实、壮大家业。

司马光终生言行谨慎，一般不会评价他人私生活，但对一位名人却颇有微词。谁呢？寇准。寇准有丰功伟绩，这不容否认。但根据史料记载，寇准生性豪奢，饮酒赌博，怠政荒政，这也是事实。比如，寇准家养了不少戏曲艺人，色艺双绝。寇准看腻了，就会送人。送给谁呢？当时的亿万富翁！他们懂事，立马提着金袋银袋送上门，还感恩不尽。[1] 名为买卖人口，实际上就是

① 司马光《涑水记闻》卷七："是时，旧相出镇者，多不以吏事为意。寇莱公虽有重名，所至之处，终日游宴。所爱伶人，或付与富室，辄厚有所得，然人皆乐之，不以为非也。"

变相贿赂。

司马光曾经告诫司马康说：寇准功高业大，但放纵声色，身死之后，子孙只继承了他的豪奢习性，却没有他治产的本领，很快返贫。与其如此，为什么不教导子孙节欲节用，恬淡度日？

第二对关系，名与利。名利双收是人的本性。出名是为了获利，出大名是想获大利。但有理性的智者却会告诫子孙：名利是把双刃剑，可以斩获，也可以自伤。

王钦若是北宋初期的名人，两度为相。这人身材短小，长得很“委婉”，脖子上坠着一块肉瘤，人称“瘿相”。但无貌有才，机敏过人，阴险狡诈，一辈子为名忙、为利忙。从名上说，王钦若见了比自己有名的人，一定要踩下去才甘心。我们举两个例子：

一个是巧计害人。王钦若当宰相的时候，李宗谔（è）是翰林学士，名气很大，但为官清廉，家中贫困。连儿子结婚、女儿出嫁都没钱。和王钦若同时为相的王旦特别赏识李宗谔，不断地借钱给他，前后欠了一千多两银子。这些事，王钦若都清清楚楚。后来，王旦想推荐李宗谔担任参知政事，也就是副宰相。和王钦若商量，王钦若立即点头附和说：那么大的名气，应该的，必须的。王旦和李宗谔私下一通气，都还挺感动。

但真实情况如何？王钦若认为李宗谔浪得虚名，又是嫉妒，又是瞧不起。他私下密奏皇帝说：王宰相和李翰林两家关系密切，还有金钱往来。按照惯例，一旦选拜副宰相，朝廷就要赐钱三千缗。李翰林欠了王宰相一千多两银子，王宰相推举李宗谔，哪里是想为国选材，无非就是想用这笔赏钱来抵债！第二天早上，王旦果然在皇帝面前举荐李宗谔，皇帝一下变了脸色，坚决不同意，搞得王旦灰头土脸还一头雾水。①司马光评价王钦若这类行径是"巧谲（jué）中人，人莫之寤"——表面迎合，私下使坏。你帮他解套，他给你布套，别人吃亏上当都不知道为什么。

一个是揽功推过。宋真宗诏令王钦若和杨亿两人主持修纂大型类书《册府元龟》，历时八年，大功告成。王钦若踩踩李宗谔没问题，但对付杨亿就不管用了。为什么呢？杨亿也是大才子，也一样受皇帝宠幸。虽然搞不垮，但王钦若的小动作却不少。最典型的就是每当宋真宗下诏表扬哪些章节编得特别好的时候，王钦若立马带头署名谢恩，署名顺序，自己第一，名单里面，肯定没有杨亿的名字。如果有错漏的地方，挨批受训，王钦若就威胁、拉拢编委会人员上书皇帝，说那一段是杨亿编写的。②

这样争名争利一辈子，王钦若荣获两个名声：一个是宋仁宗送他的：奸邪；一个是同僚送他的："五鬼"之首——当时有五个奸邪小人，人称五鬼，王钦若为鬼老大。③

再来看利。司马光说王钦若当宰相，上上下下送来了数不清的金帛、图书、奇玩，一概笑纳，远远超过大贪官丁谓。

有位有权，有名有利，结局如何？王钦若留下了光彩夺目的文化遗产，也留下了卑污的名声。辛辛苦苦攒了一辈子的财富，

---

① 司马光《涑水记闻》卷七："钦若为人阴险多诈，善以巧谲中人，人莫之寤。与王旦同为相，翰林学士李宗谔有时名，旦善视之。旦欲引宗谔参知政事，以告钦若，钦若曰：'善。'旦曰：'当以白上。'宗谔家素贫，禄廪不足以给婚嫁，旦前后资借之，凡千余缗，钦若知之。故事，参知政事中谢日，所赐物近三千缗。钦若因密奏：'宗谔负王旦私钱，不能偿。旦欲引宗谔参知政事，得赐物以偿己债，非为国择贤也。'明日，旦果以宗谔名荐于上，上作色不许。其权谲皆此类。"

②《宋史·王钦若传》："寻判尚书都省，修《册府元龟》，或褒赞所及，钦若自名表首以谢，即缪误有所谴问，戒书吏但云杨亿以下，其所为多此类也。"

③《宋史·王钦若传》："仁宗尝谓辅臣曰：'钦若久在政府，观其所为，真奸邪也。'王曾对曰：'钦若与丁谓、林特、陈彭年、刘承珪，时谓之"五鬼"。奸邪险伪，诚如圣谕。'"

后来莫名其妙地被一把大火烧得精光，什么都没剩下。[1] 更糟糕的是，王钦若没有儿子，死后得了空壳谥号：文穆。

王旦呢？担任宰相二十多年，为人宽厚俭约，公平廉政；居家孝义为本，谨奉寡嫂，抚养弟妹。所有工资薪酬，全部和宗族共享。一旦朝廷有恩命，都是先报上堂兄堂弟的儿孙，让他们荫官出仕。自己的儿子，直到他去世的时候，都还是白身。

这样看来，王旦真是吃大亏了。

但事实正相反，王旦死后被封赠太师、尚书令，谥文正。皇帝感动之余，将他的儿子、弟弟、侄儿、外孙，凡是没做官、升官的，全部封官、升官。[2]

比较之下，王钦若秉承的是一般的人性法则：争名夺利。王旦秉承了孙叔敖的不利之利，不求名，享大名；不求利，获大利。

从历史的最终结局上看，王钦若是小聪明，王旦才是大智慧。

第三对关系，道与利。既然名利有尽而欲望无穷，历代家法在道与利的关系上一般注重两个方面：

一是要子孙明天道、通人情，知足知止，活出自己的真正价值。

---

① 司马光《涑水记闻》卷七："钦若方用事时，四方馈遗，不可胜纪。其家金帛、图书、奇玩，富于丁谓，为天火所焚，一朝殆尽。"

② 司马光《涑水记闻》卷七："册旦以宽厚清约为相几二十年，遭时承平，人主宠遇至厚，公廉自守，中外至今称之。事寡嫂谨，抚弟妹有恩，禄赐所得，与宗族共之。家事悉委弟旭，一无所问。遇恩，荫补遍于群从，身殁之日，诸子犹有褐衣者……赠太师、尚书令，谥文正。上出次发哀，群臣奉慰。擢其弟度支员外郎旭为司封员外郎，兄子大理评事睦为大理寺丞，弟子卫尉寺丞质为大理寺丞；外孙韩纲、苏舜元、范禧并同学究出身；子素、弟子徽俱未官，素补太常寺太祝，徽秘书省校书郎。"

孙叔敖担任楚国最高长官后，门庭若市，庆贺的人差点踏破门槛。等到庆贺的人走得差不多了，突然来了一位老人，穿着粗麻衣，戴着白帽子——这是吊丧的打扮。孙叔敖心里一惊，别人来庆贺，你偏来吊丧，什么意思？老人告诉孙叔敖：一个人如果做了官就得意扬扬，骄傲自满，老百姓离他就越来越远；如果位极人臣，还专权擅权，人主就会忌惮憎恶他；如果高官厚禄积财亿万，还贪心不足，搜刮不已，飞扬跋扈，倒霉的日子也就不远了！[①]

孙叔敖很感动也很震动。他明白了老人在他人生最辉煌的时候穿着丧服来见他的真正用意。于是虚心请教老人如何处富处贵。老人的策略是：

位已高而意益下，官益大而心益小，禄已厚而慎不敢取。——（汉）刘向：《说苑·敬慎》

位置越高越要低调待人；官越大越要小心谨慎；财富越多越要知足不贪。把握这三大原则，足以担当大任，还能全身而退。

福祸相依，老人的行为艺术演绎的就是道和利的关系问题。他传授给孙叔敖的既是天道，也是人情；是一种胸襟，还是一种智慧。孙叔敖参透了这对关系，成为一代名臣。这就揭开了那道奇怪遗嘱的谜底：不利之利，既保障自己身后的安宁，也解除儿孙可能的危险。

---

① 孙叔敖为楚令尹，一国吏民皆来贺。有一老父衣粗衣，冠白冠，后来吊。孙叔敖正衣冠而见之，谓老人曰："楚王不知臣之不肖，使臣受吏民之垢，人尽来贺，子独后吊，岂有说乎？"父曰："有说：身已贵而骄人者民去之，位已高而擅权者君恶之，禄已厚而不知足者患处之。"孙叔敖再拜曰："敬受命，愿闻余教。"父曰："位已高而意益下，官益大而心益小，禄已厚而慎不敢取。君谨守此三者，足以治楚矣！"孙叔敖对曰："甚善，谨记之。"——《说苑·敬慎》

二是知天命，尽人事。父祖辈尽力积善积德，正向引导后，儿孙应该成为自身命运的主宰，这就是所谓儿孙自有儿孙福。

很多人家有权有势的时候，千方百计为子孙积累财富，提升官位，扩大名声。在父祖辈，这是为子孙开拓事业，奠定基业。殊不知，人道尽，天道还，财富、官位、名气都是世人争夺之物，父祖辈时时刻刻为子孙计，免不了倚仗权势，谋求私利。如此一来，子孙辈财富越多，官位越高，名气越大，就风险越高，危险越大。要么被人排挤打压，劫掠迫害，身家不保；要么自甘堕落，骄奢淫逸，丧身亡家。

史搢臣认为这样的父祖辈不仅没有为子孙积善积德，反而是积恶招怨。

平日事苛刻，讨便宜，损人利己，无所不为，是日日杀子孙也。——史搢臣：《愿体集》

史搢臣的观点是，平时为人刻薄，贪图便宜，损人利己，无所不为，看起来是为子孙留下了良田美宅，高官厚禄，实际上是在杀自己的子孙。

第四对关系，义与利。明末清初大儒张履祥提出一个观点：义行并不排斥利益，只是这种利益必须是合理、合法、合情。

君子赢得为义，不言利而利存；小人赢得为利，利未得而害伏。——（清）张履祥：《训子语》

君子人家以义为本，即便不言利，却有大利；小人心心念念都想发财，财富还没到手就埋下了无穷的祸患。

这就是以义制利。明末清初教育家、哲学家陆世仪教诲子弟说：

以义为利者，通于人者也。以利为利者，专于己者也。通于人者，财散则民聚；专于己者，财聚则民散。——（清）陆世仪：

《思辨录》

在义利关系上，恪守诚信，互通有无，这是正当的；纯粹以利益自专独享，这就是自私自利。大气慷慨，有肉一起吃，有酒一起喝，少了钱财但得了人心；闷声发大财，只管自己享受，但人心却没了。

需要说明的是，所谓义，最高的境界是损己利人，最低的境界应当是利己不损人。魏禧也是明末清初的著名学者，他告诫子孙的义利法则是：

善利己者不损人，善报仇者必种德。——（清）魏禧：《日录》

真正善于利己的人是那种自己获益但又不损他人利益的人；善于报仇的人不一定非要杀了仇人才解恨，而是不断培育善德，世世昌盛。仇人家作恶多端，自有报应。

第五对关系，伦与利。亲人之间的经济来往最能考验人性的底色和品行的高低。

清初著名理学家蔡世远，字梁村，是晚明理学家黄道周的弟子。他坚决主张伦理大于利益。他教育子孙的第一大原则就是重伦轻利——人伦亲情大于金钱财帛。

第一是使之知重伦轻利，使一生之根基牢固。将来子弟重伦轻利，不染习尚，庶不坠家风，且成人物。——蔡梁村：《示子弟帖》

对于子孙的教育，首先要让他们重伦轻利，这是一辈子立身的根基。家族子弟们只要能做到重伦轻利，不被时俗感染，不仅能够保住纯正的家风，还能成就大事业。

蔡世远谆谆告诫子孙，父子言利，兄弟争产，妯娌斗财，首先破坏的就是人伦：

伦理之亏，大抵由于自私自利。自私，则忌刻之心起，虽同

祖共宗之人不免；自利，则止知有己，虽同气兄弟不顾。——蔡梁村：《示子弟帖》

家庭伦理亏败，很大层面的原因是因为自私自利。自私，就有了忌刻心，即便是堂兄甚至亲哥发达了，心里都会忌刻不平；自利，面对利益只知道自己满足，独占独享，哪怕同胞兄弟行乞街头也浑然不顾。

对于这类行径的严重后果，一般人都能有所察觉，不仅自己堕落，还会导致家风败坏，家道败落，家运不昌。

史搢臣还注意到了另外一种现象：经商之人往往重利益，轻伦理。他谴责说，这些商人，说起来是为家庭奔走江湖，往往十多年都不回家，不管老婆、孩子，也不管父母年老无依，这种人是只知道利益而不知道天伦之乐的无心之人。①

宋代杨忱、杨慥（zào）是亲兄弟，家中也算是书香门第。但杨忱偏偏是个重利轻伦之辈。作为大理寺丞，他监理蕲（qí）州酒税，身为公务员，却违规经商，常年在江淮之间贸易经商，还偷税漏税。亲弟弟杨慥死了，他不仅不到场主持丧事，还说生意忙得不得了，走不开，实际上天天和妓女们搅和在一起。御史中丞王畴弹劾他：

口谈道义，而身为沽贩；气凌公卿，而利交市井；畜养污贱，而弃远妻孥。——（宋）司马光：《涑水记闻》卷十

满嘴仁义道德，满身铜臭熏天；对公卿大臣颐指气使，自己又卑污不堪，锱铢必较；口口声声挣钱养家，却抛妻别子，包养

① 凡经商十数年而不一归者。此止知有利，不知有天伦之乐也。若堂有双亲，不思归省，谓之无人心可也。——（清）史搢臣：《愿体集》

妓女。[1]

不用说，杨忱的行为引来了大家的道德谴责，后来还被御史台追究，算是罪有应得。

我们讲了名利所涉及的五大关系，实际上说的是名利的定性问题。那么，古人如何通过家法对名利进行合理定位？又通过什么措施规范子孙言行？

---

① 大理寺丞杨忱监蕲州酒税，仍令御史台即日押出城。忱，故翰林侍读学士偕之子，少与弟慥俱有俊声。忱治《春秋》，慥治《易》，弃先儒旧说，务为高奇，以欺骇流俗。其父甚奇之，与人书曰："天使忱、慥，力扶周、孔。"忱为文尤怪僻，人少有能读其句者。忱常言《春秋》无褒贬。与人谈，流荡无涯岸，要取不可胜而已。性轻易，喜傲忽人，好色嗜利，不修操检，商贩江、淮间，以口舌动摇监司及州县，得其权力，以侵刻细民，江、淮间甚苦之。至是，除通判河南府事，待阙京师。弟慥掌永兴安抚司机宜，卒于长安，忱不往视，日游处于倡家。会有告其贩纱漏税者，忱自言与权三司使蔡襄有宿隙，乞下御史台推鞫，朝廷许之。狱成，以赎论，仍冲替。忱尚留京师，御史中丞王畴劾奏忱曰："忱口谈道义，而身为沽贩；气凌公卿，而利交市井；畜养污贱，而弃远妻孥。"——《涑水记闻》卷十

名利（中）

上一讲我们讲到名利涉及的五对关系，讲了古人如何通过家法、家教传递经验和智慧，让儿孙明了名利和欲望、道义、人伦等之间的密切关系和行为准则。这是定性。那么，古人如何通过家法确立名利的目标定位呢？

首先得明确的是，什么是名？什么是利？利关系到每一个人的切身利益，历史上的各类事例、典故层出不穷，历代家法也高度重视以义制利，以德统利，这点我们讲得比较多。这里我们主要谈谈历代家法对"名"的认知和感悟。

名有美恶，或流芳千古，或遗臭万年。但到底是流芳还是遗臭，当事人往往身在局中，难以自省自悟，反倒会沉迷其间，陶醉不已。甚至一意孤行，任性独往。比如晋代的桓温，慷慨尚武，东征西讨，成天想着建功立业，要当大英雄，史册留名，皇帝和大臣们眼睁睁地看着他折腾，一点办法都没有。有一次，桓温对自己的手下说了一段话，后来成为名言：大丈夫一辈子默默无闻太没意思，如果不能流芳百世，哪怕遗臭万年也好啊！①

但名望、名气、名誉、名位，作为一种社会资源，既可以

① 以雄武专朝，窥觎非望，或卧对亲僚曰："为尔寂寂，将为文景所笑。"众莫敢对。既而抚枕起曰："既不能流芳后世，不足复遗臭万载邪！"尝行经王敦墓，望之曰："可人，可人！"其心迹若是。时有远方比丘尼名有道术，于别室浴，温窃窥之。尼倮身先以刀自破腹，次断两足。浴竟出，温问吉凶，尼云："公若作天子，亦当如是。"——《晋书·桓温传》

带来心理满足和个人的社会地位，还可以带来财富、官位等实际利益，自然也就摆脱不了功利的循环规律：名气越大，毁谤越重——要么因为嫉妒，要么因为忌惮。

之前讲到王钦若设计陷害李宗谔，是因为嫉妒他有“时名”；桓温虽然青史留名，但却和著名的权臣王敦合传，搞得篡位之心天下皆知，算不上什么好名声。

即便你想无欲无求，远离是非，也会带来社会名声，名气越大，不高兴的人就越多，侮辱诽谤、流言蜚语自然会围着你兜圈打转，甚至带来不测之祸。

有鉴于此，历代家法中的父祖辈在对待名的问题上都有一些基本的价值判断和经验总结。

第一，暴得大名卒（zú）不祥。秦末暴政，义军蜂起，造反成了最时髦、最具投机效益的选择。东阳县一帮年轻子弟脑袋一热，杀掉了县长，但一番闹腾后，才发现还没选出领头羊。选来选去，有个人被选中了，有从政经历，品行很好，也能服众。

这人是谁呢？县政府公务员陈婴。作为体制内的正牌官员，陈婴一夜之间被推向了县里最高领导职位。陈婴为人还算忠厚老实，坚决推辞，但那帮兴致勃勃的年轻人非要推举他当老大。

忠厚老实并不意味着智商就差。陈婴很清楚：如果一味推辞，弄不好被乱刀砍死还告状无门，只好答应。陈婴这一出头，义军队伍立马暴增到两万人。

陈婴忧心忡忡地回家，告知了老母亲。老母亲很客观、很智慧地给他提出忠告：自从我嫁到你们老陈家，就没听说过有一夜暴发的祖先，今天你算一步登天了。但暴得大名，必有奇祸。为今之计，你刻意推辞，要被杀掉，为什么不换个角度考虑问题呢？

老母亲的建议是，率领这帮人马投奔名气、势力更大的义军，造反成功，建立一个新世界，自然封侯拜爵；失败了，政府即便张榜抓人，你不是首领，逃命容易得多。

陈婴听从了母亲的建议，率领两万多义军投奔了当时只有八千人的项梁。他怎么说服手下的呢？我是文弱书生，杀鸡不敢睁眼，杀人不敢动手。带着你们，有多大的前程？项家，项梁、项羽是楚国名门、名将，投奔他们，才有成功的希望！①

后来，项梁死了，陈婴又追随项羽；项羽死了，又投降刘邦。后来乾坤大定，陈婴被封堂邑侯。他的重孙女陈阿娇是汉武帝的皇后，也就是"金屋藏娇"的当事人。

可以说，陈婴的成功来自于老母亲的审时度势。后来，"暴得大名卒不祥"成为很多人家治家教子的经典格言。晚清名臣左宗棠，虽然自己心气很高，但却一再要求四个儿子敬慎待人。他的大儿子左孝威在岁考中名列高位，左宗棠马上写信叮嘱：你的才智也就是个上不挂、下不靠的中等水平，这次突然考得好名次，我以为你学业一日千里，猛然长进了，看了你的试卷，也还是那种半拉子水平。

且字句间亦多未妥适，岂非古人所谓暴得大名不祥乎？尔宜自加省惧，断不可稍涉骄亢。——（清）左宗棠：《左宗棠全集·家书》

试卷当中，很多地方遣词造句都还欠火候。如此水平，怎么

---

① 陈婴者，故东阳令史，居县中，素信谨，称为长者。东阳少年杀其令，相聚数千人，欲置长，无适用，乃请陈婴。婴谢不能，遂强立婴为长，县中从者得二万人。陈婴母谓婴曰："自我为汝家妇，未尝闻汝先古之有贵者。今暴得大名，不祥。不如有所属，事成犹得封侯，事败易以亡，非世所指名也。"婴乃不敢为王。谓其军吏曰："项氏世世将家，有名于楚。今欲举大事，将非其人不可。我倚名族，亡秦必矣。"于是众从其言，以兵属项梁。——《史记·项羽本纪》

会得那么高的名次？难道是古人所谓的暴得大名，绝非吉兆吗？你要千万小心，夹着尾巴做人，随时反省、戒惧，不要甩辫子、翘尾巴。

左宗棠是封疆大吏，大儿子岁考突然名登前列，即便有真才实学，也会招来羡慕嫉妒恨。更何况他认为儿子文才一般，更可能贻人口实，所以谆谆告诫，严词砥砺，怕的就是名过其实，招来灾殃。

第二，名位愈高，身家愈危。孟子和庄子都说，名位属于天下公器，为人要低调，不要多占多取，否则后患无穷。晚清名臣张之洞，历任巡抚、总督、军机大臣、内阁大学士等职，声名显赫，位极人臣。但张之洞随时心怀畏惧。他家第五个儿子张燕卿聪明伶俐，但生性顽皮，身上免不了沾染贵公子习气。张燕卿留学日本半个月，张之洞写信批评他身上的公子哥习气，要他力除身份优越感，将自己视为“贫民”“贱卒”，磨砺心志，增进学问。张之洞以自己为例：

服官一品，名满天下，然犹兢兢也。常自恐惧，不敢放恣。——（清）《张之洞家书》

我 50 岁左右，已经是官居一品，天下闻名。但心里随时都战战兢兢、如履薄冰，随时检视自己的言行，生怕被高名所累，害己害人。

张之洞要求子弟，不能装土豪，不要逞官威，不能以他的名义，牟取非法利益。

张之洞终生为官清廉，为人谦和，加上子女众多，生活艰辛，根本看不出一品大员的官体、官威。他做寿，亲戚朋友来了一大帮，没钱招待，夫人当掉衣服，措办酒食；在四川当学政三年，一般人都捞得盆满钵满，他连路费都没有，怎么办？拉着书到当铺抵押贷款；在武汉做官，大年三十无钱过年，当掉皮袍购置年货；从两江总督任上回北京，入阁拜相，风光无限，全家八十余口却无立足之地，只好写下欠条，借款购房；去世之日，家产没有增加一亩一分，还欠下累累债务，最现实的问题是，张家连丧葬费都没有，朝廷看不下去了，特赐三千两白银治丧；死后的墓穴也是学生捐资修造的。

张之洞怎么会差钱？按照他的官阶，收入无论如何都应是一个惊人的数目。但这些钱，他没有用于提高生活水平，而是用在两方面：

一是培养后代。1898年，长子张仁权中进士，眼看就可以做官养家，哪知道张之洞却要他出国留学。作为湖广总督，张之洞每年选派数百人公费出国，但轮到自己儿子，却严守规则。让他到广东公平参加出国考试，并且给广东巡抚鹿传霖写信交代："该员自备资斧，不领薪水。"——所有出国费用，都是自费，不动用官府公款。

二是捐助公益。1903年，张之洞回乡祭祖，捐资一万七千两，兴建家乡第一所新式学校，慈恩学堂。一万七千两，在那个时候无论如何都是一笔巨款，买下几座北京的四合院都绰绰有余。

根据清代官场潜规则，张之洞放手捞钱的机会数不胜数，只要肯开口、点头，无边财源，滚滚而来。他担任督办商务大臣和两江总督期间，有个地方官员帮商人请托，想在海州开矿，给张之洞的回报是什么呢？二十万两白银！张之洞怎么做？钱，不要；项目，不批；请托的官员，参劾罢官。①

①《清史稿·张之洞传》："充督办商务大臣，再署两江总督。有道员私献商人金二十万为寿，请开矿海州，立劾罢之。"

张之洞的廉正是处理名利关系的不二法宝。这一切都来自于他父亲张瑛的教诲，算得上是清俭家风的自然传递。他明白，升登高位，已经获取了名位，就应当知足，不能谋求名利双收。那样只能遭天谴，遭人怨，不仅存身艰难，还会为子孙留下无穷祸患！

身居高位且能全身而退，薪酬丰厚却奇穷无比，名德双集，功高盖世，这就是张之洞辉煌而淡泊的一生。1909 年农历十月初四，张之洞病逝，“白花如雪，挽联似林”。后来，无论是孙中山，还是毛泽东，都对他的贤能廉正表达了尊崇之情。

第三，清名宜慎。清名、清誉对一个家族来说，是大好事。但古人也会时时刻刻提醒后辈要低调淡定，不可掉以轻心，否则会招惹无良小人，引火烧身。清代邓淳《家范辑要》说：

蝉之为物，吟（líng）风吸露，最称无求，犹不免螳螂之患，为其噪也。故君子不以清高而忘慎密。——（清）邓淳：《家范辑要》

蝉餐风饮露，在动物界被称之为最无念无欲的动物，但还是不免被螳螂掠杀。为什么呢？因为它不停地叫嚷。真正的君子要清高，不仅不求名，不求利，还得周密审慎，万万不可自诩清高，贻人口实，招来祸患。

具体而言，历代家法中对待清名、清誉一般坚持两项原则：

第一大原则，切忌自我炫耀。获得清誉、清名的人一般都有些清高、清傲。清高自然瞧不上凡夫俗子；清傲忍不住调笑嘲讽他人。这类人，做不了官更清高，做了官会一意孤行，博取清介名声。

北宋时期的胡旦，自幼才学过人，但为人倨傲，自命不凡。备战科考的时候，他就语出惊人：

应举不作状元，仕宦不作宰相，乃虚生也。——（宋）王辟之：《渑水燕谈录》卷三

参加科举考试得不了状元，当官做不了宰相，那就枉活一世了。

这已经不是骄傲，而是骄狂。

但骄狂不等于狂妄，总得有点资格才行。胡旦还真的有才学，有机缘。宋太宗太平兴国三年，即公元 978 年，年仅 23 岁的胡旦果然一举成名天下知，考了个状元。

可惜，胡旦人生的辉煌到此为止。状元梦实现了，宰相永远都是梦想。后来眼睛失明，只好引病告退。

客观而论，胡旦中状元后的失败人生是咎由自取。最重要的因素就是没有处理好名利关系。

首先，为名所误。一举成名后，胡旦盛气凌人，天下之大，唯我独尊，由清高变为清傲、轻狂。为人做事，只顾显露才情，不惜刻薄伤人。比如，他利用起草诏书的时候，讽刺监察御史江仲甫，用文字游戏骂别人是放牛娃。自己高兴了，别人终生嫉恨。他还用谐音字骂后廷宦官，宦官对他恨得咬牙切齿。范应辰当了大理评事，他画了一幅画，一个大口袋里面藏着一个乞丐，题词：“袋里贫士”——讽刺大理寺是清水衙门，讽刺范评事才能有限，只能守着冷灶等冒烟。①

这些讽刺、挖苦嘴挟惊雷，笔带寒霜，很有才，但很无聊，

---

① 胡秘监旦，学冠一时，而轻躁喜玩人。其在西掖也，尝草《江仲甫升使额诰》词云：“归马华山之阳，朕虽无愧；放牛桃林之野，汝实有功。”盖江小字芒儿，俚语以牧童为“芒儿”。胡又尝行巨珰诰词云：“以尔久淹禁署，克慎行藏，由是诸竖切齿。”范应辰为大理评事，旦画一布袋，中藏一丐者，以遗范，题云“袋里贫士”也。——王辟之：《渑水燕谈录》卷十

很缺德。这种人品和个性决定了他的一生：上不去、下不来。

后来，他闲居襄阳，知州夏竦（sǒng）是他的学生。虽然是知州，但还得随时以弟子之礼参拜伺候。知州学生每次来，胡旦对时政都信口开河，一阵乱骂。夏知州听得心如刀绞，却又无可奈何。刚好有一天，胡老师骂舒畅了，扯到另一个话题，问夏知州还读书写诗否？知州学生立马说写了一首《燕雀诗》[①]：

燕雀纷纷出乱麻，汉江西畔使君家。空堂自恨无金弹，任尔啾（jiū）啾到日斜。——（宋）夏竦：《燕雀诗》

这诗也就是个打油诗水平，但骂人足够了。夏知州说，我来襄阳做官，做什么事都会有人评论，就好像一群喳喳乱叫的麻雀，可惜我手里没弹弓、弹丸，要有的话，早把这些讨厌鬼打下来了。

骂神胡旦一下愣了，他知道学生在骂他。骂得和他一样，优雅有才，但刺人入骨。

骂人一辈子，到老被自己学生骂成麻雀，这就是报应。

其次，为利所困。胡旦爱贪小便宜，还贪得理直气壮，贪完还骂人。他到明州任知州，从扬州经过，扬州知州董俨是他同年，以十万倍的热情接待，锅盘碗碟酒杯都是一等一的上品货。看得胡旦眼里动火，心里泛酸。他对董知州说：我家里穷，没见过这些好东西。你能不能打个包，送船上让我老婆开开眼界，长长见识？董俨当场派人把昂贵器皿送上船。第二天，天还没亮，不打招呼不道谢，胡旦载着这些贵重器皿扬长而去，后来还四处

① 英公镇襄阳时，胡秘监旦丧明居襄，性多狷躁，讥毁郡政。英公昔尝师焉，至贵达，尚以青衿待之。一日谓英公曰：“读书乎？”曰：“郡事鲜暇，但时为绝句。”胡曰：“试诵之。”英公曰：“近有燕雀诗曰：燕雀纷纷出乱麻，汉江西畔使君家，空堂自恨无金弹，任尔啾啾到日斜。”胡颇觉，因少戢。——《宋人轶事汇编》卷四

宣扬，董同年是个贪官。[①]

第二大原则，切忌清刻待人。很多清廉、清正、清贫的官员确实是道德模范，但这类人中很少有君子之风。为什么清官当中多酷吏？为什么看着清雅柔弱的人特别倔强？究其原因，这类人自己淡泊名利，所以经常以道德自挟挟人，或盛气凌人，或刻薄待人，陷入“清刻”。

曾国藩熟读经史，他的大儿子曾纪泽秉性清柔，淡于名利。这在一般人家求之不得，曾国藩却很担心。为什么呢？因为清柔的性格往往会养成刻薄的人品！同治六年三月二十八日，他专门写信训导说：

清则易刻，惟襟怀闲远，则可化刻为厚。——《曾国藩家书》

一个人，无论是清廉清正，还是清贫清柔，都容易走上刻薄一路。要么刚气满身，天下唯我独清；要么柔弱自处，天下唯我独贤。这样的性格对己对人，对家对国都没有好处。只有放开胸襟，容纳万物，才可以化刻薄为忠厚。

第四，早得大名，难成大器。诸葛亮聪敏能干一世，但对自己儿子诸葛瞻的成长却忧心忡忡。不是因为孩子性格有问题，也

---

① 胡大监旦知明州，道出维扬，时同年董俨知扬州，遇之特欢，截篙投橹以留之。一日，延入后馆，出姬侍列骰餗，其宴豆皆上方贵器。饮酣，胡谓董曰：“敝舟亦有衰鬟二三，容止玩饰，不侔同年之家，人生会合难得，或不弃，来日能枉驾敝舟数杯可乎？”董感其意，大喜。徐又曰：“上品珍器，贫家平生未识，可略假舟间以夸示荆钗，得否？”董笑曰：“状元兄见外之甚也。”亟命涤濯，以巨奁尽贮之，令送于舟。明日五鼓，张帆乘风，瞥然不告而行，不旬至杭州。薛大谏亦榜下性生也，首问胡曰：“过维扬见董同年否？”胡曰：“见。”又曰：“董望之材器英迈，奇男子也，然止是贪。”一日尊前，胡谓薛曰：“聊假二千缗，创立鉴湖别墅，鄞麾才罢，便当谢病。一扁舟钓于越溪，岂能随蜗蝇竞吻角乎？”薛不得已赠白金三百星，聊为钓溪一醉。胡蹙颌领之，不为少谢。——《玉壶清话》

不是身体不好，而是孩子智商出了问题。什么问题？不是太笨，而是太聪明、太早熟！加上他爹的地位，众星捧月，8 岁就暴得大名。诸葛亮忧虑不堪，给哥哥诸葛瑾写信说：孩子太聪明，出名太早，将来难成大器，难当大任。①

左宗棠很赏识、倚重大儿子左孝威，希望他承继家业。左孝威认为出名要趁早，凭自己的才能和当爹的威势足以平步青云，扶摇直上。左宗棠历经风霜，发现这苗头不对，写信规劝：古往今来，真正能成大器、做大事的人，都是备尝艰辛之辈，出名太早，不是好事，弄不好会败人一生。②

诸葛亮、左宗棠对儿子的担忧和教诲说明：一个人如果年纪轻轻就名满天下，这样的人很少有好结局。为什么呢？因为他们会惑于名利，迷乱心志，最终退不甘心，进无寸功，大多数只能鲜衣怒马，挥霍人生，或英年早逝，或中年沉沦，或老年凋零。

我们讲了家法中关于名利的经验总结和价值判断，那么，古人又是如何教导子女善处名利的呢？

①《三国志·蜀书·诸葛亮传》："瞻今已八岁，聪慧可爱，嫌其早成，恐不为重器耳。"

②《左宗棠全集·与孝威书》："自古功名振世之人，大都早年备尝艰辛，至晚岁事权到手，乃有建树，未闻早达而能大有所成者。"

名利（下）

前面我们讲了古代家法对名利关系的清醒认识，也讲了对待名利的四种经验总结和价值判断。那么，历代家法如何教导子孙正确、理性地对待名利关系呢？

人生一世，不可能不要名利，也无法避开名利，因为名利和一个人的家庭贡献和社会贡献紧密相连，无从回避，也无须刻意回避。哪怕你隐居深山，弄不好就成了著名的隐士高人。真正的问题是如何对待名利，避免刻意追求名利，不要为了名利搅得自己五心不定，不能为了名利招祸破家。基于这种认知，古代家法确定了几项具体措施，切实规范子孙的行为。

第一大目标，尊生。名高致祸，利多伤身，这八个字是历代家法的共识。明代的吴麟徵训导子孙说：

身贵于物，汲（jí）汲为利，汲汲为名，俱非尊生之术。——（明）吴麟徵：《家诫要言》

人生天地间，最重要的是生命的安全和身体的健康。如果一味追名逐利，不仅会伤心，还会伤身，严重的还招来祸患破家亡身。

宋代理学家程颐，人称伊川先生，他有个“人生三不幸”的论断，和世俗观点截然相反，放今天也会招来无数家长吐槽：

人有三不幸。少年登高科，一不幸；席父兄之势为美官，二不幸；有高才能文章，三不幸也。——（宋）吕本中：《童蒙训》

一个人一生可能遭遇三大不幸：少年考试当状元；父兄护佑

得高官；才高八斗得大名。

这些在常人看来遥不可及、乐不可支的美事喜事，程大哲学家为什么认为是不幸呢？理由很复杂，也很简单。说复杂，因为没有几个人的人性经得起名利的考验。说简单，也就两方面：一方面，对成功者而言，暴得大名，早得大名，容易心乱神迷，不知天高地厚，坏心性，败德行，都是不祥之兆，前面讲到诸葛亮、左宗棠对儿子的担心就是为此；另一方面，一个人的成功会引来无数人的羡慕嫉妒恨，诽谤、中伤、陷害也随之而来。

白居易深知名利的危害性，他的一首诗可以印证程颐的观点：

只见火光烧润屋，不闻风浪覆虚舟。

名为公器无多取，利是身灾合少求。

——（唐）白居易：《感兴二首》

大火烧掉的往往是华屋大宅，风浪打翻的都是满载的船只。名是天下公器，不可多取多占；利是人生灾星，自然越少越好。

但名利的诱惑实在太大，争名夺利成为世间常态，乱纷纷你方唱罢我登场，前赴后继，代代相循。很多人看起来淡泊名利，骨子里还是放不下，一旦有机会，就会勇猛出头，果断伸手，最终陷于名利牢笼不能自拔。所以，古人说名利是最大的诱饵，钓起贪欲，劳心伤身。

子思是孔子的孙子，路过卫国的时候，看到有人钓起来一条巨大无比的鳏（guān）鱼，能装满一辆大车。子思很奇怪，这么大的鱼，怎么钓得起来？钓者说：就看你用什么样的饵料。开始我用鲂鱼作饵，鳏鱼看都不看，游走了；后来用半边猪肉作饵，它就一口吞了下去。[①] 子思特别感慨：

鳏虽难得，贪以死饵；士虽怀道，贪以死禄矣。——（秦）孔鲋：《孔丛子·抗志篇》

鳏鱼虽然是鱼类中的巨无霸，但只要用半边猪肉就能让它吞钩丧命；读书人虽然一心向道，只要用高官厚禄就能让他舍命追逐。这都是贪欲惹的祸。

面对名利诱惑，也并非没有清醒的人。东汉时期的樊鲦，他的祖姑樊娴都嫁到刘家，生了个儿子叫刘秀，就是后来的光武帝。因为是近亲，光武帝对樊家那是真的好，一下封了五个侯爵，还附送一个优厚恩赏：樊家女儿生下来可以嫁给刘家做王妃；儿子可以尚公主——娶公主为妻。封侯不好拒绝，樊鲦却坚决不愿意再搞亲上加亲，嫁女儿做王妃，尚公主当皇帝女婿。为什么？樊鲦对弟弟解释说：

贵宠过盛，即为祸患。——《后汉书·樊鲦列传》

一户人家已经名利双收，如果贵宠太盛，不是自己子孙惹是生非，就是他人眼红脸绿，必然招来祸患。

第二大目标，养德。樊鲦很有智慧，知道在名利面前谦抑自守，保住身家，体现了难得的理性和智慧。但在保住身家后历代家法还希望子孙不欺心、不欺人，培育良好的道德品格。如果非要出名，无论是主观追求，还是客观后果，那就修善德、树美名。颜之推用了一个很形象的比喻教育子孙：

修善立名者，亦犹筑室树果，生则获其利，死则遗其泽。——颜之推：《颜氏家训·名实》

---

① 孔鲋《孔丛子·抗志篇》："卫人钓于河，得鳏鱼焉，其大盈车。子思问曰：如何得之。对曰：吾垂一鲂之饵，鳏过而不视，更以豚之半，则吞矣。子思喟然曰：鳏虽难得，贪以死饵；士虽怀道，贪以死禄矣。"

父祖辈修行善德，留下美名，就好像修筑房屋，栽种果树。自己活着，终生受益，死后还可以遗惠子孙。

很多人家为了子孙昌盛，拼命积累财产，要给子孙留下万贯家产，还要四处寻求风水宝地，希求子孙代代发达。对于这些行为，有识之士都会要求子孙认清根本，不能舍本逐末。

王阳明认为，父祖辈不修德，不行善，只管一味替儿孙做牛做马，一会儿贪占人家美宅，一会儿廉价收购珠宝，一会儿放高利贷牟取暴利，这些都是愚昧之极的做法。为什么呢？一是，子孙认为家有万贯，几代人吃喝不愁，骄奢淫逸，今天卖田地，明天卖房子，不到三代，子孙就被打回原形，成为穷光蛋。既无操守，又没学识，更没技能，只能走上穷途末路。二是，精明强干的父祖辈一死，子孙无力对抗仇家冤家，有仇报仇，有怨报怨，几经折腾，子孙不是进监狱，就是被打伤打残，最终还得流落江湖当乞丐。

王阳明的结论是，这样的爱，流淌的不是奶汁，而是毒液。这样的爹妈，是害死子孙的蛇蝎！①

至于什么风水宝地，康熙朝刑部尚书魏象枢有自己独到的见解。魏象枢是河北蔚（yù）县人，为官清廉，“誓绝一钱”——发誓不贪一文钱。他在家训中专门谈到这一点：

若以祸福论之，只在修德与不修德者，各有所验。今人不修德而求地，将谓山川有灵，其许之乎！——（清）魏象枢：《魏氏家训》

世俗有种说法：一家儿孙升官发财中状元，就说是祖坟风水

---

①《王阳明文钞》：“今人为子孙计，或至谋人之业，夺人之产，日夜营营，无所不至。昔人谓为子孙作马牛。然身没未寒，而业已属之他人。仇家群起而报复，子孙反受其殃。是殆为子孙作蛇蝎也。”

好，是祖坟冒了青烟；另一家儿孙白天敲快板唱莲花落（lào），晚上藏身荒村破庙，那肯定是祖先没埋好。这些都是些闲扯的话。一家人是祸是福，只有一个标准，永恒不替，百灵百验。那就是他的祖先是否修德。一家人不修德行善，有人去世就求天求地求菩萨，四处找风水宝地，要是天地真有灵，能去保佑缺德人家吗？

这观点，还真的接近了唯物主义的价值观。

名利当前，不修德行善也罢，但至少得坚持底线：不为恶。这恶不一定就是杀人越货。为了名利，不要命，是一种极端的恶；不要脸面，是一种常见的恶。

王安石做宰相的时候，谏议大夫程师孟，是专管错案纠察和信访的一个小官。人活得好好的，有一天突然请求宰相大人写一篇墓志铭。王宰相没反应过来，以为是程师孟为自己的亡父要墓志铭。哪知道，程师孟说是为自己要。王宰相一脸茫然地看着程师孟。程师孟解释说，大人的文章惊天动地，但我官职太小，不能常在你左右伺候。今天碰上了，就请大人成全，以后我死了就刻在墓碑上，借着大人的神光传承不朽吧。

程师孟，这名字取得很好，以孟圣人为师。翻检正史，程师孟后来官声也还不错，几个地方都给他修了生祠纪念。但出道初期这种阿谀奉承却让人如蛆（qū）在骨，难以恭维。

没有最无耻，只有更无耻。王宰相的儿子王雱（pāng）英年早逝后，又出现了中国官场上难得一见的情景剧。习学检正，也就是宰相的低等秘书张安国比死了亲爹还难受，在王雱的棺材前哭得惊天动地。一边哭，一边诉，说宰相大人老来丧子，干脆让我死吧，然后托生在王家给你当儿子！[1]

张安国，这名字也不错。可惜想早死托生到宰相家，不知道他爹妈有何感想！一个连家和父母都不要的人，又怎么能安国？

活着要墓志铭是假，早死托生是妄，两个人真正的目的就一个：宰相大人可怜可怜我，升个官吧！

这就是宋代官场的经典冷笑话，时人称之为“程师孟生求速死，张安国死愿托生”。后来载入史册，遗羞千古，这些事都记载于司马光的《涑水记闻》，不是瞎编的段子，感兴趣的读者可以翻检出来品味品味。

第三大目标，行义。面对名利，如果能够存心为善，所作所为必然合德合义。所谓“义”，就是一个人的行为合于道德法则。正向的舍生取义，反面的见利忘义，这些都是很容易识别的行为。但有些行为在德、义之间很难评判，作为父祖辈一定要子孙谨慎对待。

比如舍利求名者，合德但未必合义。曾国藩训导长子曾纪泽为人为官要“清而不刻”，就是为了防范子孙做官舍利求名，陷入清官陷阱，求德求义终至于背德背义。

清官本来是官场的道德楷模，具有道德上的高尚感。但清官也非圣贤，往往会出现两方面的问题：一是心理上的孤高感、悲壮感，认为天下滔滔，唯我独清，自我人格会扭曲；二是清官律己很严，待人太苛，往往不近人情。这类人自然可以成为清流领

---

① 谏议大夫程师孟尝请于介甫曰：“公文章命世，师孟多幸，生与公同时，愿得公为墓志，庶传不朽，惟公矜许。”介甫问：“先正何官？”师孟曰：“非也，师孟恐不得常侍左右，自欲豫求墓志，俟死而刻之耳。”介甫虽笑不许，而心怜之。及王雱死，有习学检正张安国者，被发藉草，哭于柩前，曰：“公不幸，未有子，今郡君妊娠，安国愿死，托生为公嗣。”京师为之语曰：“程师孟生求速死，张安国死愿托生。”——司马光：《涑水记闻》卷十六

袖，道德标杆，但其施政、断狱未必就能合于义。

传统文本中的清官多系扶持贫弱，抑制豪强之辈。凡遇贫富争端，其本能性立场毫无疑问地偏向贫弱，以情勘案，以情断案，难称公允。殊不知贫弱之辈中并不乏刁民狡徒，倚官威挟富室。如此，清官虽清，而民风大坏，道德的彩旗上又被黏上投机者的污泥，看似迎风猎猎，但怎么看都有一种色差与荒诞。

更有一类人，为官廉正，但究其本质就是舍利求名，博取更多的名誉，获取更大的利益，由清廉、清正转为清刻、苛刻，终至于成为酷吏。

历代家法中，最多的是要求子孙舍利取义，在保障自己家庭的基本生活标准后，散财赡族，赈济贫乏。比如范仲淹一家，虽然个个高官，薪俸可观，但自奉甚俭，积攒下的钱财全部用于创办义学，设立义庄，赢得千秋美名，子孙世世昌盛发达。浙江仙居林氏家族也勉励子孙：

若有力量，捐义田、设义仓、立义学、置义冢，使合族之人生死均无所恨，实睦族之大者。——浙江仙居《林氏家训十条》

如果有能力、有条件，林家子孙都应该捐资，设立义田、义仓、义学、义冢，为家族亲属的生养死葬提供救济，这是睦族的大事。

赡族是义行，也是一种智慧。周济贫乏，急人所难，这是为子孙树义种德；培养子孙自力更生，不傍老、不啃老，防止子孙骄奢淫逸，这是厚生传德；不让人羡慕嫉妒恨，化解怨愤，消弭嫉妒，为子孙留下一片清净天地，这是保身全家！

舍利取义在民间有一个更通俗的表达：吃亏是福。明代隆庆年间南京刑部尚书林云同临终前，子孙长跪请训。林云同说：

无他言，若等只要学吃亏。——（清）赵吉士：《寄园寄所

寄》卷六《焚麈寄》

没有什么可说的，为人为官一辈子，你们只要学会吃亏就行了。

林云同平生严于律己，对待名利从不妥协。他最佩服的一句话是孟子的“人有不为也，而后可以有为”——为人一世，只要不做不该做的事，自然就是一番大作为。做官之前，他就在墙壁上写下誓言自勉自励：“宁饿死，不为不廉之夫；宁布衣，不为干进之士。”后来升官至浙江左布政使，发生了一起重大经济案件，首犯被判处死刑。有人贿赂宰相夏言出面干预，夏言托人做林云同的工作。这是攀附求荣、见机获利的绝佳机会，但林云同义正词严地拒绝了，说：“官可免，此囚不可出。”——我宁愿不做这官，也不能放掉囚犯！

吃亏从来都不是现实利益的减损和未来机会的丧失。但在名利和道义之间，林云同选择了道义，以自身的行为为子孙做出表率，直到今天，莆田林氏还是名门望族。

第四大目标，悟道。名利当前，不伸手，就可以保身全家，就可以坚守德义。但不伸手又区分为几层境界：畏惧法律，这是第一层；怕丧德丢脸，这是第二层；最高的境界就是第三层：管住手，不动心，这就是悟道。

历代家法不仅从行为上确立规则，还在心理上不断强化子孙的精神力量，培育高尚的人格理想和清虚的人生态度，从源头上解决名利带来的纷扰和诱惑。

清修胜富贵，淡泊得真味。这是明代家法一再推崇的人生境界。明朝万历年间担任广昌知县的姚舜牧教诲子孙说：

惟清修可胜富贵，虽富贵不可不清修。——（明）姚舜牧：《药言》

人活一世，清净淡泊，平平安安活一生，这胜过一切的财富爵位；即便一不小心登上高位或者实现了一个小目标成为亿万富翁，也必须坚持清修，静心寡欲，这才是人生的根本。

姚舜牧的话算是体真悟道之言。虽然他一生官位不高，却能淡然自处，悠悠闲闲地活到了 80 多岁。

但世上偏偏有人想出名，再借名沽利，甚至不惜欺世盗名。这类人终生患得患失，没有几天清净日子可数，还可能带来惊天大祸。曾国藩深知其中利害。同治元年七月二十八日，他在写给弟弟的一封信中谈到了一个观点：不要去希求什么大富大贵、大功大名，因为随之而来的必然是大戾大祸！

曾国藩是不是危言耸听？不是。历史上还真的有这类事例。明代天启年间的首辅朱国祯逃避魏忠贤，辞官归乡，回到老家乌程，把自己所见所闻写成了一部书，刊刻了一部分，没刊刻的秘藏在家。后来当地的富翁庄廷鑨（lóng）无意间得到了秘藏本，高兴异常。庄廷鑨年少患病，失明了，家里虽然有钱但没多少名气，于是要模仿左丘明失明修史，流芳千古，不惜高薪聘请史界名流增删修订，然后以自己名义刊行。后来被人告发，受牵连者数千人，七十余人被杀，庄家 15 岁以上男丁全部死刑。当时有人专门评价庄家这种为获大名大利反遭灭族的惨剧：

取非其有，立名非真者，定有奇祸；天理昭昭，可畏也。——（清）佚名：《榴龛随笔·庄氏史案》

凡欺世盗名、名不副实的，必然有奇祸。天理昭昭，太可怕了！

从利上讲，庄家不仅没获利，家产还被一扫而光，全家族灭；从名上讲，虽然有人谴责文字狱，但也没人同情庄家惨绝人寰的悲剧，纯属咎由自取，祸由心招。

为了教育子孙，郑板桥在家书中对追名逐利的行为有个评价：

试看世间会打算的，何曾打算到别人一点，直是算尽自家耳！——（清）郑燮：《板桥家书》

从古到今，那些成天梦想成名成家、发财致富、拜官封爵的人，又有谁是真正的赢家？盘算来，盘算去，无非盘算的是自己！要么把自己锁进心灵的牢笼，要么跌进世俗的陷阱，真是可悲可叹！

简单总结一下，我们说了，名利是人一生的牵绊。但无论是出于对法律的敬畏，出于对道德的尊崇，还是出于心灵的淬炼，我们都可以躲过、跨过这种牵绊，获得身心的真正自由。贫不丧节，富不改志，贵不骄人，不算计，不贪求，守定心，管住手，回归本真，回归平淡。这就是《菜根谭》所说的“超越天地之外，不入名利之中”，这就是身的解放，心的解脱！

穷达（上）

清代小说家蒲松龄因为《聊斋志异》一书千古留名，但他在科名上一辈子磕磕碰碰，历经坎坷，谈不上成功。虽说还算不上科举制度的冤魂，但说他终生怀才不遇应该没问题。

蒲松龄对科名特别看重，屡战屡败，屡败屡战，不抛弃，不放弃，矢志不渝，孜孜以求。按照清朝法律规定，在全省统一考试中合格的人获得举人出身，叫乡试。蒲松龄参加乡试的次数，从顺治十七年（1660 年）他 21 岁一直考到康熙四十七年（1708 年）他 69 岁，接近五十年，除了有三次例外没参考外，实际参考次数为十三次。三次例外，一次是他父亲去世，依法守制——在家守孝三年，不能参加科举考试；一次是他母亲去世，依法没有参考资格；还有一次是因为生病，没有考完就退场了。

乡试每三年考一次，大半生耗在场屋的蒲松龄自己都心灰意冷，写诗悲叹："三年复三年，所望竟虚悬。"——左三年，右三年，这一生舒心有几天？每一次都是兴冲冲上路，冷清清归家，举人的头衔只能是水中月、镜中花。

蒲松龄为什么皓首穷经要考取功名？为什么屡考不中？是科举制度不公平，还是他自己才学不够，抑或是心态失衡，方法有误？这种失败对他的人生打击有多大？对他的家庭教育又有什么样的影响？

这就是我们今天要解读的主题：穷与达。我们以蒲松龄为个案来解读以下问题：古人如何看待、对待科名？隋唐以来的家法对于穷达如何认知？又通过什么样的措施教育子孙理性对待穷达？

所谓“穷”，古文的意思不仅指物质贫乏，还指仕途不畅、功名不扬。蒲松龄自己感慨，立秋以后还穿着夏天的衣服，鞋子破烂，大脚趾随时探出脑袋，客人来了，只能把脚缩起来，虽然没礼貌但总比出丑好。至于功名无望，考试一辈子连个秀才都考不中，或者中个秀才，也是秀才中的最低等。除了当个三家村的学究，教教《三字经》《百家姓》《千家诗》之类的启蒙读物换点柴米油盐，就是自己写诗哀叹自己有才、老天无眼之类的东西。即便有机会出去当当幕僚，也没有身份保障，得看东家的脸色行事，被人呼来喝去，不仅没有获得感，还特别伤自尊。

古代家法对穷达的定位，很难说有统一的目标追求和行为模式，但就其大者、要者而论，隋唐以来的家法都注重从以下三对关系来教育子孙：命与分；时与势；德与能。

先看第一对关系，命与分。所谓“命”，不是神秘的宿命，而是一种自然规律或社会规律，是一种必然。套用今天的流行语：你信还是不信，它都在那里。比如古人随时教育子孙天道忌满，人道忌盛，月满必缺，花开必凋，这是为了让子孙们知命、安命、认命，在人生的漫漫长途中去体会、服从这种自然规律和社会规律，这就叫“畏天知命”。

清代康熙年间曾在吉安、温州等地担任过知府的刘德新，虽然科场不利，但因为父亲的功勋成为荫生——免试进学，还有做官的资格。因为科考失利，刘德新不再追求科名，而是踏踏实实做官。公务之余，穿上道袍修身养性。他写了《余庆堂十二戒》用于训诲子弟，其中有一段话很有意思：

人心好胜，天道忌盈，豪过则灭，华甚则竭，此必至之势

也。——（清）刘德新:《余庆堂十二戒》

每个人的欲求都没有止境，争强好胜，一旦过头，老天就会矫正衡平。凡是势头强劲的人，到了极端，就会走向衰亡。花开得最艳丽的时候，也就是该凋零的时候。这是天道，是规律，没有人能够抗衡。

刘德新的意思是要子孙们学会知足，不要挣钱有一百想一千。讨老婆，又要贤惠能干，还要貌美如花，这山望着那山高。不收敛欲望，不尊重规律，往往会摔得粉身碎骨。

刘德新的观点本质上是儒、道两家哲学的生活场景还原。儒家讲谦德，讲知足；道家讲无用之用。这些都是对自然规律和社会规律的一种高度抽象和经验总结，是关于有无、盈亏的人生智慧。

刘德新的观点实际上也谈到了进与退的问题，人这辈子不能不看阵势，只管往前冲，得有智慧，懂得放弃，懂得退缩，懂得留白，否则，要么冲下悬崖，要么碰得头破血流。

蒲松龄对功名算得上是认死理，耗尽五十年春秋参加科举考试，执着坚韧固然可敬，但既没有刘德新的通透，也没有左宗棠的决绝。左宗棠和蒲松龄的遭遇惊人相似：在湘水校经堂读书的时候，连考数次第一，踌躇满志，心高天下。但接下来母亲、父亲相继去世，他只好蹲家里守孝。守孝期满，参加乡试又是惊险无比——他的卷子已经被判“落卷”，后来在“搜遗”过程中被主考官发现，侥幸中举。后来连续三次赴京参加会试，都名落孙山，无功而返。第一次算是发挥正常，但那时候的会考还不是千军万马过独木桥，而是凌空飞渡，高手如云，左宗棠榜上无名；第二次眼看着就成功了，哪知湖南省要让出一个指标给湖北，左宗棠因为“溢额”——录取指标超标再次落榜；第三次更不幸，身心受到严重摧残的左宗棠居然犯了两个不该出现的错误：一个是“越幅”——超出了法定的八股文字数；另一个是写了错别字！

这两个低级错误说明，左宗棠的才气还在，但心乱了。令人佩服的是，他没有像蒲松龄那般纠结、自苦，而是毅然决然地放弃科举，放弃了光宗耀祖、升官发财的“正途”。陶醉于山水、诗文之间，学习经国济世的真本领。40 岁高调出山，最后拜爵封侯，成为晚清四大名臣之一。

懂得放弃，必有收获；懂得退缩，才有坦途。这是左宗棠对穷达关系的正向解释。

再来看“分”。所谓“分”，按今天的说法就是认清角色，明确自我定位。自己是不是人才，是什么样的人才，适合干什么，这就是所谓的“本分”。明白了这点，自然就能对自己的人生境遇和未来前景有一个理性的判断，也能够理性地选择行为目标。比如是做官、经商，还是务农。

更重要的是，这种理性认知和行为选择会反映出一个人的心理状态是否健康积极。左宗棠科考虽然失败，性气刚严，还有那么一些傲气，但对科考还是比较理性地看待。他的长子左孝威立意仕进，要通过科举考试作为引身之阶，左宗棠劝诫儿子说：

科考一事，无足重轻。名之立与不立，人之传与不传，并不在此。——（清）《左宗棠全集》

看起来好像左宗棠对科考有偏见。但左宗棠真正的意思是，不能把科考作为人生的唯一目标和最高追求。有没有名气人望，功业能不能传世，靠的是真本事，而不是取决于科举成绩和名次。

最难能可贵的是，左宗棠并不反对左孝威走科举一途。他对八股文的评价很理性、很客观。他说，很多人瞧不起八股文，但八股文实实在在考的是真才实学，无数的精英由此脱颖而出。如果没有熟读、苦读，没有自我感悟，不能通达事理，八股文就学不到家。

左宗棠没有把自己的失败归咎于老天或者考官，也没有怨恨八股时文，而是让儿子认清自己的不足，准确定位，不能用一颗功利心和无畏心莽撞奔窜。

相形之下，蒲松龄对科考虽然热衷，但对自己的才情学识缺乏精准定位和理性认知。连考三个第一后，好胜心、功利心太强，这是年轻人的通病，导致很容易高估自己，从无知到无畏，自认为才高天下，心雄万夫，却怀才不遇，终生坎坷。

这种心态和人格导致的结果不是畏天知命，而是怨天尤人。为了防范子孙这种不健康的人格、性格损人害己，很多家法都要求子孙安命守分，不要攀比，不要偏执。颜之推教育子孙说：

仕宦称泰，不过处在中品，前望五十人，后顾五十人，足以免耻辱，无倾危也。——（北齐）颜之推：《颜氏家训·止足》

做官不一定非要追求位极人臣，虽然荣耀无比，但劳心费神，还很危险。能做个中层就不错了，看看上级，心理可能失衡，但再看看下级，心理就平衡了。抱着这种“比上不足，比下有余”的心态，就可以避免耻辱和危险，可以保身全家。

这些话很像庸俗的辩证法，有点接近阿Q式的自我安慰。但仔细考量，正是这种对比，人才会对自己有清醒的认知，缓解心理不平衡带来的焦虑、嫉妒与不满，获得身心的宁静与平和。清代著名的幕僚汪辉祖科考也不得意，只好给别人当师爷，养家糊口，后来成为一代名幕。他在温饱不愁，衣食无忧之后，以淡定的心情考试，后来在乾隆四十年考中进士，年过半百才开始做官。他以自己的亲身经历告诫子孙：人生不要只知进不知退。很多时候退一步，想通了也就想开了，无论是闲居家中还是跻身官场，都能享受那份悠游自在：

天下必有不如我者，以不如我者自镜，未有心不平气不和者。心平气和，君子之所由坦荡荡也。——（清）汪辉祖：《双节堂庸训》

我这辈子混得不怎么样，但肯定还有比我更差的。设身处地想想那些不如我的人，自然就心平气和了。君子之所以坦坦荡荡，无忧无虑，就是因为他们不仅知命，还守分。

可惜蒲松龄不仅不知命，也不愿守分。怨天尤人的情绪弥漫于诗文中，还借《聊斋志异》发泄影射。先声明，笔者非常喜欢蒲松龄，也喜欢《聊斋》，不存在对蒲松龄的道德差评，只是摆事实讲道理。

比如，他不认为自己的考卷和水平有问题，而是无端猜忌考官。学政朱雯，字矞（yù）三，浙江石门县人，道德、文章都没什么问题，但蒲松龄在《聊斋》中直指其名，用蚰蜒、蜈蚣两种毒物对他进行人身攻击，斥骂朱考官“无目而多贪”——有眼无珠，不识人才；贪婪成性，收受贿赂。[①] 这很低级，很庸俗，还很无聊。更血腥的是，在《三生》中，蒲松龄借落榜考生自杀入冥司报仇申冤的故事，由阎王主持正义将考官剖胸杀死，怨毒之深刻，匪夷所思，可悲可怜。

这种心态不仅没摆正自己的位置，还会以偏激、狭隘、猜疑的目光去看待一切，看似贬低别人，实则是轻薄自己。比如

①《聊斋志异·蚰蜒》：“学使朱矞三家门限下有蚰蜒，长数尺，每遇风雨即出，盘旋地上如白练。然按蚰蜒形类蜈蚣，昼不能见，夜则出，闻腥辄集。或云：‘蜈蚣无目而多贪也。’”

他说科举考试“初入时，白足提篮似丐；唱名时，官呵隶骂似囚”。——进考场时，官兵要搜身检查，搞得考生像大街上的乞丐；宣读考生名次的时候，人群涌动，声音嘈杂，被呵斥保持安静，好像把考生当囚徒。宝应县县令孙蕙是他老乡，对他还不错，不仅为他写过推荐信，还聘请他当幕僚养家。但在蒲松龄看来：

送往迎来，则贱如声伎，婢膝奴颜，则状同伏鼠。——蒲松龄：《答李乐陵》

自己好歹也是一个有才学的人，现在当了幕僚，成天帮主人迎来送往，卑贱得如同青楼妓女歌姬；见了主人要卑躬屈膝，打躬作揖，好像老鼠见猫，胆战心惊。

这种思维已经不是性格缺陷，而是人格扭曲。如果说左宗棠科场失意后是以竞胜心自强自立的话，蒲松龄就是以不平心损人虐己！

正是这种扭曲的人格导致了他和孙老乡的断交；也是这种偏狭心理导致他在教育方面屡屡失败。他做私塾先生三十年，教的学生没有一个中举，子孙也难逃名落孙山的命运。

当然，值得庆幸的是，科场不幸文坛幸，蒲松龄将他的一切愤懑不平转换到了神鬼狐妖的世界，成就了《聊斋志异》的辉煌。虽说是秋坟鬼唱，但毕竟唱透人生穷达的梦想与沧桑。

穷达价值定位涉及的第二对关系，时与势。我们说命是自然规律和社会规律，分是自我的角色定位，但命和分并不意味着一个人注定就要飞黄腾达或者沉潜底层，一个人的穷达还需要考虑时机和时势。

《郭店楚简》中有一篇专门涉及穷达关系的论述，其中讲到了这一点：

有其人，无其世，虽贤弗行矣。——《郭店楚简·穷达以时》第一章

一个人品行再好，才能再高，如果遭遇非时，那就难有用武之地。

这说的生不逢“时”。再看“势”。即便身处盛世，一个人是否会大展身手，鹏飞九天，还得看当时的政局是否安全。如果仕途险恶，尔虞我诈，越是贤德之人，越容易倾家荡产，身败名裂，这就是所谓的“势”。

如果时、势两个条件都不具备怎么办？晚清名臣胡林翼的观点很明确：守命待时。他教育儿孙说，做官必须要有三宝：学识、才干、奥援，有了这三宝，还得看有没有机遇。有机遇就可以一飞冲天，比如左宗棠，虽然是个小举人，但学识才干一流，名声震天下，先后得到了两江总督陶澍，当朝大僚骆秉章、曾国藩、林则徐等人的赏识。但真正让他成就功名的是当时的时局。那时候，国家急需经世济国之才，南书房侍读学士潘祖荫力保左宗棠，保折中有句话后来很有名：国家不可一日无湖南，而湖南不可一日无左宗棠。这奏折敲开了左宗棠的仕进大门，左宗棠因时趁势，一路扶摇直上，建立了不朽勋业。

那要是遇不上机会怎么办？那就超然世外，回到前面我们讲到的四个字：知命守分。

第三对关系，德与能。如果一个人既能知命，又能守分，又有施展才能的好机遇，是否就一定能成功？不一定，还得看有没有德和能。

德，好理解，我们不多说。能，相对来说就复杂一些。我们还是以蒲松龄为例，我们说他既不知命、不认命，也不愿安分，久困场屋是不是时势造成的？不是。当时正赶上所谓的“康乾盛

世”，知识分子属于被笼络的对象。蒲松龄无数次的失败固然与他的性格、人格有关，但直接原因也跟他的才能有关。

实话实说，蒲松龄实在不适合科举考试。为什么呢？因为他的才能是发散性的形象思维，写《聊斋》没有问题，作八股，就很成问题。乾隆时期的大才子纪晓岚一样喜欢谈论、书写鬼怪异闻，但他对《聊斋志异》的评价并不高，认为是“才子之笔，非著书者之笔也”——说白了，纪晓岚认为，蒲松龄就是小说家的调调，绝对不是做学问、写奏章的人才！

这评价算是一针见血，一语中的。

八股文相当于今天的标准化考试，字数、句式、格式都有固定的套路。但蒲松龄的发散性思维难以接受这种约束，而是任性挥洒，信马由缰，还用些意识流、魔幻派的笔法，所以考卷“越幅”——超篇幅，超字数，这是典型的“违式”。被判落卷，势在必然。

当然，对于文学创作，这就是卓荦大才。所以，作家莫言追认蒲松龄作他的文学导师，后来得了诺贝尔文学奖，也算是从文学上为幽潜地下的导师扬眉吐气了！但在清代的八股考场，确实有种超越时代的荒诞感。

我们讲了穷达价值定位的三对关系，那么，历代家法对于穷达引发的得失、荣辱、是非这些基本问题又是如何应对的呢？

穷达（中）

上一讲我们以科举考试为例解读历代家法对穷达的基本价值定位，说明只有在命分、时势、德能三大前提全部满足后，才能实现由穷而达的命运转换。

科举考试为什么会成为命运转换器？蒲松龄为什么会穷尽一生纠结其中？隋唐以来家法对科考是否有比较理性的认知？

说起来，科考的弊端太多，但这一制度确实打开了无数家庭获取荣誉和利益的通天大道。所以一般人家都让很有才气的孩子修习科举，扬名显亲，光宗耀祖；稍差一些的就从商兴家；再差一些的就习艺养身，学习一门技术养家糊口。

理性地选择科考是捷径，是快速通道，但必须明确目的与手段之间的关系。晚清湖南籍名臣中，曾国藩是湘乡人，左宗棠是湘阴人，胡林翼是益阳人，彭玉麟祖籍衡阳，可谓一世英雄，湖湘为最。这些英雄是怎么炼成的？左宗棠我们讲过，科考连败三场，归隐家乡，读有用书，做有用人，不愿为科举虚名耗尽人生。

甘树椿对左宗棠的观点深表赞同。他教育儿子甘鹏运，人活一生，就得读有用书，做有用人，科名只是手段和工具，不是目的。一个人对家庭、国家是否有用，不是因为你考了状元，而是因为你能做出有益于家国的事业。科名之所以重要，是因为这种制度本身可以选拔、培育海量的有用之才，这是本、是源。不能因为科举能升官发财就趋之若鹜，忘掉根本。

其他几位湘籍名人对待科举的态度也惊人的一致。

先说曾国藩。一般人家都是将最有才能的子弟重点培养，希望科考成功，光耀门楣。但曾国藩认为：只要品行好，有才干，就不愁功业无成；反之，如果品行好但才干一般，就只能通过科举考试来建功立业。道光二十三年正月十七，他在家信中对几个弟弟的才能和未来做了比较并提出建议：四弟天资较低，走科举；六弟才智高，有大志，就不一定非要通过科考成名立业。不到三个月，道光二十四年三月初十，他又写信叮嘱弟弟们，即便走科考一途，博取功名，也不能成天埋首墨卷，摇头晃脑背时文，作古正经写八股，那样只会为了科考虚名而“汩（mì）没性灵”——淹没个人才情灵性，成为迂腐不堪的书呆子，沦为科考的棋子和工具。

再看胡林翼。胡林翼是晚清的文武全才，他的七叔考试失败，胡林翼劝慰老人家说，您是有真才实学的，博取青紫，建功立业那是必然之势。科举考试一考定终身，有其不合理之处：

唯以一日之短长，定万人之高下，沧海遗珠，势安能免？——（清）《胡林翼家书》

科举考试是否发挥正常，一次考试在万人当中分出高下优劣。很多有真才实学的人被遗漏，这是完全难免的。在后来的家信中，胡林翼进一步劝说自己的弟弟，人只要有本事上报国家，下振家业，这就是有用的人，否则，额头上贴个标签，状元、榜眼、探花，除了一时虚华炫耀，又有什么用？

看看今天众多状元步入社会后的平庸人生，胡林翼这话还真有道理。

比较中立的是彭玉麟。一方面，他要安慰老母亲；另一方面，他得挣钱养家，不得不走科考一路。但他对科考的认知很理性：科考是工具和手段，绝不是人生的目的。

彭玉麟看到了八股文的弊端，比如主题先行，形式僵化。但他也无意间发现了科举考试的合理性，那就是打破社会僵局，获取平等竞争机会，由贫寒而富贵，由穷厄而显达。换言之，科场面前，人人平等。不管是贵胄王孙，还是贫家子弟，只要有本事上考场，都可以改变命运，跻身高层。

很遗憾，彭玉麟虽然体贴老母亲的良苦用心，也在深山发奋苦读，但科考一直不顺，直到道光二十四年（1844 年），他 29 岁才考中秀才。和蒲松龄不同，彭玉麟没有一条路走到黑。他选择了和左宗棠相同的道路，毅然决然学习经世济国之策。十年磨一剑，咸丰三年（1853 年），彭玉麟应曾国藩之邀，担任湘军水师将领，成为清朝水师的奠基人，以秀才功名做到两江总督兼南洋通商大臣，兵部尚书，封一等轻车都尉。

彭玉麟的决策和定位，改变了自己的命运和家运，也改变了国家的命运。

比较之下，可以发现，晚清湖南籍名臣卫道报国，人才辈出。胡林翼道光十六年（1836 年）恩科会试，中了进士，曾国藩道光十八年（1838 年）赐同进士出身，左宗棠是举人，彭玉麟是秀才，但无论是人生目标定位，还是道德淬炼，抑或是为官为人，甚至勋业功绩都有着惊人的相似，这也说明科举并非决定人生穷达的唯一因素。

更为可贵的是，曾、胡、左、彭，都将这种穷达观和科举理念以家法、家训的方式代代传递，熏陶子孙。总体来看，除了上讲讲到的价值定位，名家家法还对穷达所涉及的一些结果和过程进行了全方位的规范。具体来说，也是三对关系。

第一对关系，得与失。有了正确的人生目标定位，有了良好的道德品格和高超的学识才干，一个人一辈子无论如何都不会差到哪去。至少从心态上，他们会以坚韧不拔的意志安命待时，不为一时的得失荣辱而改变志向，更不会沉沦抑郁。

晚明的吴麟徵生逢乱世，他教诲那些跃跃欲试、急于求成的子弟们：

少年人只宜修身笃行，信命读书，勿深以得失为念，所谓得固欣然，败亦可喜。——（明）吴麟徵：《家诫要言》

人在少年，最重要的就是三件事：努力修身；踏实做事；勤奋读书。不要因为考个第一名就扬扬自得，也不要因为落榜而灰心丧气。人世间，成功固然可喜可贺，失败未必就可悲可怜。绝对不要因为功名这些东西丧失天真，扭曲人格，把自己变成可有可无的人。

这种观点传递的是一种正能量，可惜只对有识之士有用。隋唐科考取士以来，科场上出现了无数的人生悲剧、喜剧，还有荒诞剧。

蒲松龄算是从一鸣惊人到一蹶（jué）不振，不仅身心憔悴，还导致人格扭曲。真正的原因是什么？得失心太重，对功名的得失看不透、想不通！

笔者查了一下年谱，蒲松龄从生员熬到廪膳生用时 25 年，从廪膳生到岁贡耗掉了 29 年，折腾了 54 年，才从一个低级秀才混到高级秀才。那时候考上秀才的都可以叫生员，但还得排名次、看指标，名次靠前又刚好在指标许可范围内，就可以得到朝廷一定的钱粮补贴，这就是廪膳生。康熙五十年（1711 年），食廪 29 年之后，蒲松龄以 72 岁高龄到青州，考取岁贡，获得到国子监进修取得肄业证（不是毕业证）的资格。但这还得论资排辈，一步一步挨着来，不能加塞，不能破格，所以又叫“挨贡”。

可惜，还没等到选拔的机会，蒲松龄就去世了。

考取岁贡资格，有朋友到家祝贺，古稀之年的蒲松龄虽然高兴，但更多的是尴尬、是悲凉。他写下一首诗：

落拓名场五十秋，不成一事雪盈头。

腐儒也得宾朋贺，归对妻孥梦亦羞。

——（清）蒲松龄：《蒙朋赐贺》

这辈子五十年的大好光阴都耗在了考场，而今，古稀之年还得挨贡。就这点小事，朋友们还来庆贺，我感激感动感恩，但想想这一辈子到头都还是个穷酸腐儒，愧对老婆孩子。这种耻辱感往往让人三更半夜梦醒泪流。

得失之间，放不下心，必然就放不开手。不愿丢脸，不愿止步，最后，活生生熬成了功名的奴隶。

所以，在科举考试的线形图谱中，我们看到了吕蒙正寒窑苦读的倔强身影，听到了无数举子的悲泣哀鸣，更见识了范进中举后的狂呼大叫。

所以，无数的家庭出现了人伦悲喜剧。明明是温馨的大家庭，但因为科考，亲生儿子也会分个高低贵贱，还影响到翁婿婆媳关系。

对于这种瞬间穷达撕裂的人性，蒲松龄有着深刻的感悟和感伤。《聊斋志异》有一篇《镜听》，说一家两兄弟，哥哥读书优秀，弟弟稍次。母亲就偏心眼，对大儿子和大媳妇好得多。二媳妇不高兴了，抱着被子和老公分床，让老公给自己长脸。后来，两兄弟同时参加省考，也就是乡试。暑天炎热，有一天两个媳妇在厨房里忙活，挥汗如雨。突然，报捷的人来了，说大儿子中举了。老太太立马跑到厨房说，你老公中举了，你赶快去凉快凉快，别累着了。二媳妇只好待在厨房里，一边流泪，一边流汗，一边骂婆婆偏心，骂老公没本事。哪知道，第二波报捷的人来了，说小儿子也中举了。二媳妇立马甩掉擀面杖说，我也凉快凉快去。①

蒲松龄对这位当妈的势利面孔憎恶之极，对二媳妇摔擀面杖的行为大加赞赏。这间接证明了蒲松龄对科考的双重心态：既无限倾慕，要出人头地，要争气解恨，又无限憎恶，认为束缚人生，扭曲人性。

我们常说，爱恨只在一瞬间，但蒲松龄纠结了一辈子，所以注定是悲剧。

第二对关系，是与非。科考直接关系功名，穷达一夜可以翻转，如果在得失之间难以权衡，在是非问题上就会出现偏差甚至走上极端。孙奇逢劝诫子孙对于功名得失应当守分安命，不能越分：

越分妄求，余殃在后。若能先见一步，早退一步，必也明哲之士。——孙奇逢：《孝友堂家训》

很多事情，要是功利性太重，就会越分，误入作奸犯科的歧途，带来无穷无尽的灾难。凡事要先认准目标，想好退路，这才是既有理想，又有担当的读书人，才经得起成功，受得了失败。

---

① 益都郑氏兄弟，皆文学士。大郑早知名，父母尝过爱之，又因子并及其妇；二郑落拓，不甚为父母所欢，遂恶次妇，至不齿礼。冷暖相形，颇存芥蒂。次妇每谓二郑："等男子耳，何遂不能为妻子争气？"遂摈弗与同宿。于是二郑感愤，勤心锐思，亦遂知名。父母稍稍优顾之，然终杀于兄。次妇望夫甚切，是岁大比，窃于除夜以镜听卜。有二人初起，相推为戏，云："汝也凉去！"妇归，凶吉不可解，亦置之。闱后，兄弟皆归。时暑气犹盛，两妇在厨下炊饭饷耕，其热正苦。忽有报骑登门，报大郑捷，母入厨唤大妇曰："大男中式矣！汝可凉凉去。"次妇忿恻，泣且炊。俄又有报二郑捷者，次妇力掷饼杖而起，曰："侬也凉凉去！"此时中情所激，不觉出之于口；既而思之，始知镜听之验也。异史氏曰："贫穷则父母不子，有以也哉！庭帏之中，固非愤激之地；然二郑妇激发男儿，亦与怨望无赖者殊不同科。投杖而起，真千古之快事也！"——《聊斋志异·镜听》

所谓越分，无非就是参加科考时请托、作弊，破坏考试公平。不可否认，清代科考中请托之风盛行，连蒲松龄也未能免俗，请孙蕙写过推荐信，向省里的学政大人、同考官、主考官极力推荐自己。至于作弊的手段更是高招迭出，匪夷所思。夹带、怀藏这些手段都太老套，没什么创意。有的人挖空蜡烛，放进密卷后再用蜡油封住，这叫“继烛”；还有飞鸽传书；用弹弓射纸团；和考官约定藏头诗；等等。有个考生和考官约好，用“一朝平步上青云”七个字做暗号，事发后主考官受牵连。

但总体来说，清代的科举还是比较公平公正的。除了程序严格外，违法成本太高了，一般都是杀头，还要株连其他人。比如同考官——主考官的助手，一般先看卷，把明显不符合要求的试卷剔除，这就是“落卷”；然后把选中的呈递主考官裁夺，这叫“荐卷”。但主考官怕遗落真才，更怕承担连带责任，都要启动一个程序：“搜遗”，也就是在落卷中仔细检查、核对，看有没有好的墨卷被埋没。前面我们讲到左宗棠运气好，就是因为他的试卷已经落卷，但后来被主考官搜遗发现，中了举人。

清代科考还有一个程序：“发领落卷”，要将同考官批落的考卷发回考生手中，上边还得列明落卷的理由。如果考生不服，可以一路上诉到礼部。对于录取的考卷，还得印刷出来，公之于众，明代叫“小录”，清代叫“闱墨”。

比如嘉庆三年（1798 年）的乡试中，有个叫彭珴（é）的考生落榜，但发卷的时候，发现自己的墨卷不翼而飞，后来在公开的闱墨中，他看到第一名的文章居然就是自己的考卷，但名字变成了傅晋贤。于是彭珴上书湖南巡抚要求一查到底。傅晋贤慌了，找到彭珴要私了，答应给他捐个知县，被彭珴严词拒绝。原来，傅晋贤用一千二百两银子买通了监考人员，“狸猫换太子”。

结局不用说，傅晋贤和监考人员被处以极刑。

说这些是想说明，按一般常理，蒲松龄中不了举人，并不冤枉，因为他不太愿意受约束，主张我手写我心，八股写成十股都有可能，所以很多次连荐卷的资格都没有。

第三对关系，劳与逸。今天我们很多家长教育孩子说：高考改变命运，辛苦几年换来一辈子的尊荣；荒废几年，只能换来一辈子的卑微。学生心理压力山大，身心都受到摧残，无数家长患抑郁症，内分泌失调。

其实孩子成长期间，最重要的是“三格”：体格、人格、性格。只要这三格培育好，他的人生都会幸福安康，不会心理压抑，人格扭曲，性格乖张。

这才是人生的本味和真趣。如果孩子考个状元，但身体垮了，成天熬中药调理，心理崩溃，或者心高气傲，性情无常，这就是悲剧和惨剧。

历代家法对此的定位很清楚：目标明确，尽力就好，不苛求、不妄求。甘树椿教导子孙说：

人之境遇无论如何，总要胸中超然，有悠游自得之趣。——甘树椿:《甘氏家训》

人生一世，无论是穷是达，是贫是富，是贵是贱，都要有个好心情，心境超脱，淡于名利，自然、坦然、泰然，含笑面对人生。这才是身心两全的绝招。

具体到行为上，就是不自苦，不自残，劳逸结合，有张有弛。因为科举考试，考的不单是才情学识，还有心理素质和身体素质。晚清状元张謇，从16岁中秀才，18年间六次参加乡试，终于中了举人，又经过5次失败的会试，最终状元及第，名扬天下。但张謇最令人佩服的不是他虚华的状元头衔，而是他坚韧的意志和淡然的心境。

至于身体素质，清代广东先后出过两位百岁考生。康熙三十八年（1699 年），顺德人黄章在孙子陪伴下，步入广东省乡试考场。老人家身体好，牙口好，精神更好。逢人就说，要到 102 岁才转运，先考考热身。另一位肇庆老寿星谢启祚（zuò），94 岁中举人，还兴致勃勃地到北京参加会试。天缘凑巧，乾隆皇帝八十大寿，要在翰林院找一个人来点寿烛，哪知道翰林们没人活到这高寿，只好在举人中挑选，谢寿星理所当然被选中。他帮乾隆皇帝点燃寿烛，乾隆皇帝十分高兴，送他一副对联：

百岁登科古无今有，一经裕后人瑞国华。

百岁老人还能登科求名，这是今天才有的大喜事；老人家皓首穷经，既造福后代，也为国家增光添彩，算得上是双喜临门！

但是我更愿意相信，这两位老寿星进考场绝对不是为什么光辉前程，只是给儿孙做做榜样，老有所乐，老有所为。

这种执着中体现的责任感固然令人感动，但这份到老不衰的洒脱风骨更令人感佩！蒲松龄如有这等胸襟器量，他的人生可能就会全盘改观！

我们讲了科考的价值定位，讲了穷达的理性认知。那么，历代家法又是通过什么样的行为规范教育子孙理性处理穷达关系的呢？

穷达（下）

前文我们讲到了古人的穷达理念和家法定位，以蒲松龄的个人遭遇解读了科举对个人和家族命运以及性格和人格的影响。那么，在由穷而达的转换过程中，古代家法最常见的措施有哪些呢？综合考察，古人用三个步骤教育子孙正确对待穷达关系。

第一步，定志。无论贫富贵贱，立志是家教中特别重要的一环。彭玉麟的父亲去世后，全家陷入赤贫。他安于贫贱，但不丧志节，即便后来官居高位，也淡然、淡定，不奢靡，不挥霍。他认为，只要挺起脊梁做人，不为名动，不为利逼，不为势迫，站定脚跟，立志发奋，人生无论如何都有一番好光景。守穷的时候泰然、悠然，处富的时候淡然、坦然。

换句话说，只要有志向，天下没有成就不了的事业，科考一路不通，绝不意味着人生的幸福大门就关闭了——说来说去，幸福大门的钥匙永远掌握在自己手中。

正是基于这种认知，彭玉麟很客观地评价了科考制度的缺陷。比如大搞主题先行，有损创造性。他劝诫弟弟：

文章不朽，传之名山者多矣。闱墨试帖，趋时之技艺。——《彭玉麟家书》

一个人是否成就功名，靠的是文章不朽，万代流芳，而不是考场的命题作文，即便你答得字字珠玑，天花乱坠，也只是趋时附势的应试花样。

再如，彭玉麟批判八股文目标功利，形式僵化：

帖括为进身之阶，吾深耻之。第以承堂上欢，求禄所以养亲也，竟优为之。——《彭玉麟家书》

八股文只是个进身之阶，是升官发财的敲门砖，我修习八股，深感为耻。但是老母亲成天倚门悬望，希望我能考个好成绩，我怎能让老人家失望，这是孝顺的应有之义！再说，我家特别穷，我也只能通过科举考试来改变命运，挣钱养家，所以只好以科考为重。

可惜，彭玉麟科考之路也是一路不顺。失利之后，他给母亲写信说：

年来主考，辄少伯乐，男不敢怨天尤人，总觉自己学问粗疏耳。——（清）《彭玉麟家书》

虽然彭玉麟抱怨主考没有伯乐的识人之明，但笔锋一转，彭玉麟立即自我反省，认为是自己才疏学浅，没有达到中式的标准。只好再努力，再发奋。

后来发现科考误人，他又毅然决然转向，学习经世济国治学，终成国家栋梁。

正是这种理性定位，彭玉麟能够淡定对待屡考不中的结果，没有像蒲松龄那样自怨自艾，怨天尤人；也没有一辈子纠结不放。

这是一种应对挫折的策略，但更是志向明确、坚定后的一种气量。

比较之下，蒲松龄的志向明确，也坚定，但存在两方面的问题：

一方面，位卑则志卑。他的最高目标既不是修身养性，也不是效忠报国，而是保住家族的脸面。根据他撰写的家谱，蒲家晚明时期就出了六个廪（lǐn）生，在淄川算得上是书香之家，但和进士出身的毕自严、毕自肃家比，又有天壤之别。就是同姓宗亲，举人也很多。只有他家，最多也就是一帮秀才！所以，振兴家族、光宗耀祖就成了蒲松龄的最高抱负，也成了最大心病，迫使他一次次奔赴考场，从青葱少年熬到婆娑老人，从惊天豪气考到了全无生气。

另一方面，混淆兴趣和志向。立定志向光宗耀祖没有什么不对，但总得辛勤付出，他从青少年时代就下决心搜神志鬼，这耗掉了无数的精力，也扰乱了心神。

有志向，不高远、不坚定，还不愿自我矫正，不知退步，不知绕行，就只能碰得头破血流。

第二步，修德。修德，就是淬砺心志，磨炼性格，冷静、客观、善意地去对待自己和外在一切。这既是一种自知之明，也是一种处世之道，是个人修养，也是事业成功的必备要素，我们今天称之为情商。

所谓德，除了品格良好外，还涉及心胸器识，能够准确定位自我人生，能够理性选择人生目标。最重要的还是以平淡、超然的胸襟对待现实的得失、功过、穷达。就蒲松龄而言，自信和勇气都是满满的，但这种“天下英雄舍我其谁”的雄心壮志，更多表现为一种文人的浪漫主义情怀和对改变自我命运的一种悲壮决绝。这种浪漫和悲壮合奏齐鸣，形成了一种孤高独上、万人无敌的傲气。比较之下，彭玉麟也是落魄秀才，但他的对联更多的是注重自我人格的修养和性格的磨砺。我们看看他的两句诗：

欲除烦恼须无我，历尽艰难好作人。——彭玉麟

这是砥砺自己不要因为眼前的个人困厄而烦恼不堪，应当放眼社会，放眼未来，艰苦卓绝，才能立德立功。如果一个人只汲汲于自己的功名富贵，那就是乾坤之间一大腐儒，眼界浅，境界

低，气量窄。

和蒲松龄同时代的进士钟于序在《宗规》中教育子弟，处身清贫，一定要调适心境，知命安分。但蒲松龄明显没有这样的意识和境界。从他的作品中我们可以看到四种“气”：

第一是傲气。蒲松龄的傲气从哪来？来自于年少成功。想当年，蒲松龄在县学、府学三次连考都是第一，从此心高天下，目中无人，视中举、中进士如囊中取物，不仅志在必得，还十拿九稳。这必然导致人生定位出现严重偏差。结果就两样：一得志，就得意，不知天高地厚，不知约束心性；一遇挫折，就不服输，不信邪，只管往前冲。

说起来，山东教育厅官员施闰章是伯乐，也是“罪魁祸首”。顺治十三年（1656 年），施闰章担任山东提学佥事，阅卷的时候，对蒲松龄的文章赞不绝口，夸赞他的文章“观书如月，运笔成风”，擢为第一。

仔细看这八个字的评语，和后来博取功名的八股文绝对不是一个风格。八股文要的是中规中矩，文辞优雅，书法严整，不是风月之类，更不是直抒胸臆，想写什么就是什么，想写多长就写多长。

施闰章一片爱才之心，反倒成了蒲松龄的心魔！19 岁的蒲松龄由此心高天下，可惜身登绝顶，上不了天，也下不了地。

施闰章固然是无心之过，但害人不浅，非长者智者所为！

想当年，嘉靖十六年（1537 年），少年神童张居正到武昌参加乡试，时年 13 岁。湖光巡抚顾璘专门打招呼，不准张居正中举。不是他和张居正有什么过节，而是爱惜人才。他认为，13 岁的小神童心志还没成熟，暴得大名就会骄傲自满，心浮气躁，难成大器，反倒阻碍他的上进之路，倒不如来一次挫折教育，让这小神童知道山高水低，成就大才。后来，张居正最终成为国器，避免了众多才子如唐伯虎等人的悲剧。

第二，狠气。比较之下，彭玉麟、蒲松龄两个都是穷秀才，都有振兴家族的意愿。但彭玉麟的坚韧不拔中有一股淡定、爽朗，蒲松龄则有一股狠气、刚气。他自撰一联，很有名，很励志：

有志者，事竟成，破釜沉舟，百二秦关终属楚。

苦心人，天不负，卧薪尝胆，三千越甲可吞吴。

——（清）蒲松龄：《自勉联》

这对联提气醒脑，但仔细琢磨，却带有一种英雄主义的浪漫无边和悲壮无比，少了优雅和从容。看看他用的典故，他的偶像不是项羽这类有勇无谋的霸王，就是勾践这类身怀亡国之恨、隐忍报仇的君主。行为选择上，不是破釜沉舟，就是卧薪尝胆，虽然解气解恨，但很极端。

美学上有种理论，选择什么样的对象，就有什么样的审美标准。换言之，审美观念决定了审美对象的选择和识别。有的女性别人看着不怎么样，但在有的男性眼中，就是赵飞燕，就是杨贵妃，弄不好还是宋慧乔；有的男性既不风流倜傥，也无才无德，但有的女性放着“小鲜肉”不要，非要追随天涯，这就是大家都熟知的审美效应——“情人眼里出西施”。

同样，在人生志向的选择上，有什么样的偶像，就代表着什么样的价值立场和行为方式。

第三，怨气。这种怨气我们前面说过，科考屡次不中，蒲松龄怨天尤人，通过《聊斋志异》反射出来的心境就是，老天无眼，考官无德，只有阎王爷还算公平！所以不惜将主考官妖魔化，不惜借阎王之手将主考官剖腹挖心！

第四，衰气。傲气变狠气，狠气变怨气，心高气傲的才子们很快就会衰变，要么放浪不羁，狂呼大叫，发泄不满；要么抬头恨天骂娘，低头顾影自怜。唐伯虎属于第一类，蒲松龄属于第二类。到了老年迟暮，这种衰气就变成了可怕的暮气、酸气。

为什么古往今来很多小神童、大才子文学艺术成就都能流芳千古，自己的人生却一地鸡毛？原因很简单：没有受过挫折。一得志就得意；一失意就丧志。只能通过文学艺术宣泄感情，最终唱衰人生。

可惜，这类才子大多摆脱不了穷厄困苦，只能吁（yù）天骂世，成就了中国文化的繁盛与辉煌。蒲松龄走得更远，剥掉人性的画皮，盖上了狐鬼之身。

当然，文学艺术是才子们的情感宣泄途径，不过分，不越分。才能一般的落榜生如果心雄气傲，就会找到另外的宣泄途径，冲冠一怒为前程，搅起惊天巨浪，影响到国家的安危。这样的人不少，比如黄巢，比如张献忠，比如洪秀全。

第三步，勤学。科举是改变个人命运的最佳途径，但需要付出的太多，加上竞争激烈，勤学苦读与穷达转换就有了必然的内在关联。

蒲松龄并非不勤奋。相反，他很劳累，既要教书糊口，当师爷管事，还要复习科举，还要搜集、整理神鬼狐怪故事。

但劳累并不等于勤学。前面说过，蒲松龄从信心满满考到任性犯规，再到神思颠倒，最后考得诚惶诚恐，内心失去了宁静和持守，方法、时间分配上也大有问题。最有力的证人有三个：

第一个证人，是他的老乡兼东家，宝应县令孙蕙。这人算是有慧眼，知道蒲松龄有些才气，后来还请他当了师爷，解决他的生活问题。但神神鬼鬼的东西听多了，孙蕙就觉得，你又要博取功名，又要搜神志鬼，哪有那么多的时间和精力？于是，在分别后专门写信给蒲松龄，劝诫他说：

老兄是绝顶聪明人，一边背经史、背墨卷，一边忙着搜集狐狸精、牛鬼蛇神的故事，这样的话，两头分心，两头不靠边。只要你稍稍集聚才能精力，苦读苦练，参加科考，一举成名，必然是天下第一流人物。①

这建议很中肯，很直接，也有效。可惜，蒲松龄没有停步。他真切希望科考成功，出人头地，但又割舍不下神怪故事。

第二个证人，蒲松龄的好朋友张笃庆。张笃庆也是淄川人，出生于书香世家，也是著名的大才子，是蒲松龄的诗友。他奉劝蒲松龄说：

你多次落第，我也是屡考不中，我们是难兄难弟，以后我俩一起努力，备战科考。但你最需要改正的就是不要老是在聊斋里面讲“聊斋”，那些神神鬼鬼的故事有什么意思？即便你写出来了，又有几个人看呢？反倒会错过大好时机，岁月蹉跎，到老年可别后悔！②

这是好朋友的真心劝诫，没有客套，直指蒲松龄的分心不专。但有一点张笃庆错了，“聊斋”后来成了中国小说史上的代表作，发行量不可计数，可惜那时候没知识产权，否则，蒲松龄凭借写作收入早就过上了好日子。

蒲松龄研究专家对孙蕙、张笃庆的观点嗤之以鼻：按你们这些封建士大夫（孙蕙）、没落地主（张笃庆）的馊主意，世间哪来流传千古的《聊斋志异》？

①《聊斋志异》：“兄台绝顶聪明，稍一敛才苦攻，自是第一流人物。”

②《聊斋志异》：“此后还期俱努力，聊斋且莫竞谈空。咫尺聊斋人不见，蹉跎老大负平生。”

这话说对也对，说不对也不对。说对，是针对《聊斋志异》的文学成就；说不对，是针对蒲松龄的人生追求——追本溯源，蒲松龄要的不是《聊斋志异》给他带来什么名声，而是要“抱苦业，对寒灯，望北阙，志南溟”——寒夜青灯，无非就是想高中进士，接受皇帝的召见，像大鹏鸟一样翱翔云端。他在写给孙蕙的诗中明确表示了这种愿望：

途穷只觉风波险，亲老惟忧富贵迟。——蒲松龄：《寄孙树百》

哪怕前途再怎么暗淡，哪怕心情再怎么不好，哪怕仕途再怎么恶劣，为了家人和家族，我也要舍命追逐，谋求富贵。

换句话说，科考才是蒲松龄自己认可的正道和真心诉求，至于《聊斋志异》，无非是遣兴泄愤的产物。这无损于《聊斋志异》的文学价值，但我们必须还原蒲松龄对穷达关系的认知真相。

第三个证人，就是蒲松龄本人自证，算是夫子自道。与一般家教不同，蒲松龄自己说：

余少时，最喜读《游侠传》，五更挑灯，恒以酒佐读。——《蒲松龄集》

年轻的时候，最喜欢的是《游侠传》，经常是五更挑灯夜读，还经常找来酒，一边读闲书，一边品美酒。[①]

蒲松龄说得很自豪，很真实。这也说明，他从小过得很自在，家里约束少，家境也还不错。

但对一般家庭来说，这是绝对禁止的行为。我们以浦江郑氏家法为例：首先，《游侠传》之类的书，既非经，又非史，属于闲书，郑氏家族还将它列为禁书，禁止购买、收藏、阅读，否则

① 路大荒整理：《蒲松龄集》，上海古籍出版社 1986 年版，第 116 页。

家长发现，就是家法伺候。其次，食睡不以时，没有严格遵守家法规定的作息时间，要受训挨罚；最后，郑家规定，未成年人不得饮酒，否则他本人、爹妈一起受罚。

这些家法可能太古板，但确实可以约束子孙身心，不至于任性妄为，不至于顾此失彼，更不会走上邪道。

换个角度说，蒲松龄家的家教管理缺乏正规性、系统性和权威性，科考的正业和志怪的业余爱好始终交织纠缠，最后导致了他文学的成功，举业的失败。说白了，蒲松龄虽然刻苦、执着，但用心不专，一心二用，本人又缺乏壮士断腕的勇气和决绝，更没有抛弃对功名利禄的内心诉求。所以，一考再考，最后考成了科举强迫症，扰乱心境，既不安于现状，又无力自我解脱、超拔，最终沦为科场悲剧人物。

最后需要特别重申的是，笔者无意贬低蒲松龄和《聊斋志异》，隋唐代以来，废除了身份性的九品中正制，无数的寒门学子获得了跻身高层社会的机遇。正是科举制度，成为个体和家族穷达转换的最强劲推动力，最能够体现一个家族对子孙教育的目标定位和价值取舍，也最能够反映一个时代知识分子的心路历程和社会认同。所以我们选了两个标本：人的标本是蒲松龄；制度的标本是科举制。

当然，到今天，我们最应该感到幸运的是，虽然科举制度摧残了蒲松龄的身心，但《聊斋志异》的成功却校准了正义的天平。在科举考试的场屋里，蒲松龄无疑是一位寒酸老儒；在文学的天幕上，蒲松龄却成为一颗耀眼的星斗！

安危（上）

乾隆皇帝饱读史书，对汉唐历史更是倾心关注。他认为历史上德才兼备，还能出将入相，一柱擎天，定国安邦的人不多，数来数去，就两个人。哪两位呢？一个是诸葛亮，一个是郭子仪。乾隆皇帝总结这两人的共同点，就八个字："忠诚之德，经世之才。"①

诸葛亮没问题。但唐代实际上有两位中兴大臣，除了郭子仪，还有一位叫李光弼。为什么乾隆皇帝会排除李光弼呢？

郭、李两人都功高盖世，同时也遭逢小人。李光弼忧馋畏讥，多次不听诏命，虽然位高权重，但内外交困，郁郁而终，享年 57 岁。郭子仪同样遭受权宦诽谤，却宽宏大气，一闻诏命，勇往直前，成就了不世之功。保全了国家，也保全了家族，《旧唐书》史臣评价他是秦汉以来军功最为显赫的军事将领，无与伦比。②

乾隆为什么认同郭子仪？是因为他保全了大唐的江山社稷。唐代以来，很多家法同样认同郭子仪。但重点不是卫国的功勋，而是保家的智慧。郭家自郭子仪开始，根深叶茂，八子七婿，都

①《大清高宗子仪赞论》："自古大臣出将入相，为国安危者，必有忠诚之德，经世之才，有以扶危安邦定国；然后立非常之功，万世之业，汉之孔明，唐之子仪，信其人也。二公以忠正老成，为当世人望，加以非常之才功盖天下，是故亮殁而汉亡，子仪存而唐复。古今所称，不可诬也。"

② 此论见于《旧唐书》本传史臣论赞："自秦、汉已还，勋力之盛，无与伦比。"

是朝廷重臣；孙辈几十人，他有时都认不清楚，每次孙子参拜，只笑一笑，点点头。后来以85岁高龄善终。

那么，郭李二人的差距到底在哪儿呢？史书上说两人的军事才能和功勋大致相等，李光弼的威望功绩比郭子仪还略胜一筹。但郭子仪有两方面却明显高出李光弼：忠心王事和宽厚得人。[①]实际上，郭李两个人最大的区别不是外在的军事才能和人才方略，而在于对世态人心的认知把握和处世的气度技巧两个方面。比如，对待小人的诽谤，李光弼选择什么呢？对抗、仇恨、忧惧。郭子仪呢？包荒、感化、机敏。

也就是说，两人的差距在于对待安危有不同的理解，并且有不同的应世方略。

应世之道，安危第一。应世除了才能、志向、性格、人品等因素外，最重要的一面就是如何认知外部世界的规律和人性的本质，知世知人，由此选择生存发展策略，终其一生，奋斗不止，那结果自然就成了自己的命运。换言之，知世知人，才能知命，才能选取正确有效的应世策略，最大限度避开风险、危险，最高层面实现自我价值。

古人有句话：命由己招。看起来很唯心，实际上很唯物，还很辨证：一个人一辈子的命运怎么样，很大程度不是取决于别人和环境，而是取决于自己。所以，晚清甘树椿训导子孙说：

穷达有命，求人而不求己，是为不知命，非君子所为也。——（清）甘树椿：《甘氏家训》

一个人是蛇是龙，是沉落凡俗还是飞升九天，这是有规律可循的，这种规律就是所谓的“命”。如果一味求人而不知自己努

①《旧唐书·郭子仪传》：“始与李光弼齐名，虽威略不逮，而宽厚得人过之。”

力，这就是不知命，不是君子的行径。

郭子仪为什么会成为后代家法中应世的楷模典范？就是因为他知世知人，还知己知命，懂得安危之道。安史之乱，藩镇割据，这是天下大势，既催生了无数的英雄豪杰，也产出了巨量的大奸巨寇。没有实力和智慧，没有能力和人望，不要说建功立业，能保全身家就算是相当不错的了。

郭子仪生当壮年，中兴、振作皇室是当时的大势所趋，也是道德所向，更是稳定天下、救民于水火的时代需求。郭子仪迎难而上，恢复两京，震慑吐蕃，钳制意图问鼎天下的各路诸侯，《旧唐书》对他勋业的评价有八个字："再造王室，勋高一代。"

但在兵荒马乱之中，背叛、阴谋、谗构、陷害都会随着一个人的军功不断滋生蔓延，李光弼就是牺牲品。李唐皇室需要中兴大臣，但又随时担心中兴大臣功高震主，更怕出现曹操、司马昭之类的人。所以，一边褒赏，一边防范，这也是常态。但郭子仪偏偏解开了这个死结，以自己的行为和品格赢得了李唐皇室的绝对信任。对此，《旧唐书》又有八个字的评价："大雅君子，社稷纯臣。"

是人都有欲望。郭子仪从来不亏待自己，也不亏待手下。他薪俸极高，还有私财，更有许多额外收入。郭家的住房占了一个居民区——亲仁里的四分之一。家中仆从有多少？三千人，各家的仆从谁是谁，住哪儿，相互之间都搞不明白。至于良田美器，名园甲馆，声色珍玩，更是数不胜数。可以说郭子仪生活奢豪、一掷千金。

功高盖世，权倾天下，穷奢极欲，连两任皇帝都不敢直呼其名，唐代宗叫他"大臣"，唐德宗叫他"尚父"——这名称可是当年对姜太公的称呼。活到这份儿上，按照历史规律，盛极必衰，功高必危，这个家族大厦将倾。但唐代宰相裴垍却评价郭子仪说：

权倾天下而朝不忌，功盖一代而主不疑，侈（chǐ）穷人欲而君子不之罪。富贵寿考，繁衍安泰，哀荣终始，人道之盛，此无缺焉。——《旧唐书·郭子仪传》

裴垍可不是一般人。他是唐宪宗时期的贤相，眼界高，本事大，善恶是非分明。他评价郭子仪：权倾天下，整个朝廷却没有人忌惮嫉妒；功高盖世，皇室对他却绝对信任；穷奢极欲，天下有道君子却认为理所当然。他本人既富且贵，长寿多福，还子嗣繁衍，位高权重，死后备极哀荣——一般正一品宰相的坟高，依法是一丈八尺，他的坟高却按照特旨加高十尺。天下人臣人道之盛，自古未有，算得上十全十美了。

纵览史籍，郭子仪的成功人生，不仅前无古人，还后无来者。他为什么能够超越古今，成为“千古一臣”？

这得益于他对安危关系的真切认知，对应世技巧的精到把握。郭子仪能成为历代家法的楷模典范，是因为他能够处理好各类关系，特别是对潜在危险的感应能力和危机公关能力非同一般。

我们看看他怎么对待烂人、恶人、小人。

第一，对烂人，有理有节。按照今天的标准，汴（biàn）宋留侯李灵曜就是典型的烂人。他不听朝廷命令，两面三刀，阳奉阴违，占据汴州后，雁过拔毛，人行劫财，不分公私，一概抢掠。导致中原一带，人稀鸟绝。但如果是郭子仪的财产，无论是私产，还是公帑，李灵曜不仅不敢抢夺截留，老老实实地派部队护送出境，自己还得搭上一份小礼物。史家对郭子仪这种降龙伏虎的功夫赞不绝口。

李灵曜这等军阀为什么会尊重郭子仪？绝对的军事实力只能是外在的钳制，对郭子仪人品气度的钦佩尊重才是发自内心的！

第二，对恶人，威利兼用。魏博节度使田承嗣是典型的恶人，《旧唐书》中说他飞扬跋扈，傲狠无礼。北方军阀割据跟他有很大关系，历史影响特别糟糕。这人一会儿投降归顺，一会儿起兵造反，来来往往，几个回合，朝廷只能睁着眼睛看他演独角戏。但只要是郭子仪的事，田承嗣立马认真对待，不敢玩阴招。

有一次，郭子仪派出使者到魏州，田承嗣居然做了一件让人难以置信的事：遥望西边郭子仪所在的方向，下跪致敬。跪拜完了，田承嗣站起来对郭子仪的使者说：

兹（zī）膝不屈于人若干岁矣，今为公拜。——《旧唐书·郭子仪传》

我这膝盖很多年都没用来下跪了，今天郭令公的使者来了，我就拜拜他老人家。

一代枭雄田承嗣为什么遥拜郭子仪？和李灵曜没什么两样：因为郭子仪拥有绝对的军事实力和绝好的人格品行。

第三，对小人，以直报怨，以德服人。烂人、恶人是小人，但还仅仅是倚仗军队胡作非为，是小人中的低端人才。真正的小人却心机深沉，诡诈难测。对付这种人，郭子仪很头痛，和众多的政治精英悲惨命运不同，他与这些小人相处的功夫可以成为处理安危之道的经典模板。

比如鱼朝恩，四川泸州人，开唐朝宦官专权之先河。根据唐人苏鹗（è）《杜阳杂编》记载：

专权使气，公卿不敢仰视。——（唐）苏鹗：《杜阳杂编》

大权独揽，颐指气使，公卿大臣见了他，都只能低眉顺眼，唯唯诺诺，不敢抬头直视。宰相们如果决策什么事务，他事先不知道，就会大发脾气，说：天下大事，哪一样不是我来做主！

鱼宦官对郭将军不是不好，而是很不好，换作任何人都难以忍受。比如，郭将军打了败仗，他要追究责任；打了胜仗，他说郭将军可能要谋反，至少是拥兵自重，对君王国家不利。他对郭将军赫赫军功的那种嫉恨难以用语言表述。

后来他发现无论怎么样都搞不定郭将军，想到可能是他家祖坟风水太好，于是就做了一件伤天理、害人伦的事：他竟然派人掘了郭子仪父亲的坟墓！要按照儒家伦理，郭子仪哪怕孤身一人，也应该回朝和鱼宦官拼个鱼死网破，何况郭将军当时还手握重兵，杀掉鱼宦官家祖宗十八代都绰绰有余，撬他家祖坟更是易如反掌。

当时朝廷都知道是鱼宦官掘了郭将军的祖坟，天下必然有大变，满朝人心惶惶。

郭子仪怎么做的呢？他回朝后，当着皇帝的面，号啕大哭，说自己带兵在外，免不了也干些《盗墓笔记》《鬼吹灯》中常见的勾当，掘人祖坟，有损阴德。这下报应来了，自家祖坟也被人掘了！这是天谴，不是人祸！[①]

有血泪，但没有控诉；有委屈，但没有怨恨，甚至连鱼宦官的名字都没提。

这就是忍，是恕。

这让鱼宦官很感动。

鱼朝恩是神策军统帅。神策军早期戍边，是战斗实力特强的边防部队，后来成为最重要的禁军，卫戍部队。掘坟事件后，鱼

①《旧唐书·郭子仪传》："破吐蕃灵州，而朝恩使人发其父墓，盗未得。子仪自泾阳来朝，中外惧有变，及入见，帝唁之，即号泣曰：'臣久主兵，不能禁士残人之墓，人今发先臣墓，此天谴，非人患也。'"

宦官专门写信解释了这一重大事件，还邀请郭将军见面，抛弃偏见和误会，共叙友情。很多人说鱼宦官心怀叵测，劝郭将军多带护卫，以防不测。郭子仪呢？只带几个家童怡然前往。

这就是直，这就是诚。

鱼朝恩终于被感动，哭着成为郭子仪的真心朋友，从此再也不和郭子仪过意不去。①

《新唐书》对此有评价：

不幸危而邀君父，不挟憾以报仇雠。——《新唐书·郭子仪传》

郭子仪执掌兵权，但从不借天下危乱之际要挟控制君王；位高权重，但从不以私怨报复宿仇宿敌。而是以直报枉，以德报怨。

《旧唐书》的评价抽象一些：

体元和之气，根贞一之德，功至大而不伐，身处高而更安。

郭子仪秉承了天地元和之气，所以禀性和善，品行忠贞，言行不二。功劳再大，从不骄矜；位高权重，身家安泰。

和权宦鱼朝恩修和是化敌为友，靠的是忍、恕和真诚；和小人卢杞的交往则是防微杜渐，靠的却是智慧和识断。

郭子仪老年在家修身养性，优哉游哉。凡是来了客人，他的那些小妾、婢女都不回避。突然有一天，正在病中的他听说有个人要来拜访，他立马让小妾、婢女、仆从、警卫全部回避，还穿上朝服，作古正经地在大堂里等待客人。

全家人很奇怪，这客人是谁呢？如此郑重其事？这客人叫

① 朝恩又尝约子仪修具，元载使人告以军容将不利公。其下衷甲愿从，子仪不听，但以家僮十数往。朝恩曰："何车骑之寡？"告以所闻。朝恩泣曰："非公长者，得无致疑乎？"——《旧唐书·郭子仪传》

卢杞，时任御史中丞，兼任京畿观察使，专管官员作风建设和政绩考核。祖父卢怀慎，当过宰相，清廉自守，官声很好；父亲卢奕，克己自励，父子两人都进了唐史《忠义传》。

卢杞也进了唐史，可惜是在《奸臣传》。卢奕长得高大丰伟，眉目疏朗，可惜他这儿子长得就有点拿不出手。《新唐书》中说他"体陋甚，鬼貌蓝色"，丑得过分，脸上还泛着蓝光。《旧唐书》则说得具体些："貌陋而色如蓝，人皆鬼视之。"——长得丑，面色泛蓝光，人见了都以为是活见鬼。

但就是这位丑哥们儿，偏偏很有才。

郭子仪名高天下，官居极品，为什么对这位京畿观察使如此谨慎其事？他那些家人眼里一片迷茫。

卢杞离开后，郭子仪揭开谜底：卢杞这人，形貌丑陋，但机心险刻。你们这帮人少见多怪，见了他肯定要掩嘴而笑，等到他掌权那一天，我家就完蛋了！[①]

知人见机，居安思危，这就是郭子仪应世的最大优点和亮点。他料事如神，屡战屡胜，靠的也是这种功夫。

他知道卢杞是小人；他还知道这小人迟早有掌权的一天；他更知道这小人得志后会不惜一切手段打击报复。

看看结果：后来卢杞获得皇帝赏识，当上宰相。一旦上位，就将矛头对准以前嘲笑、侮辱、打击他的人，比如同为宰相的杨炎。

杨炎瞧不起卢杞那是必然的。

---

①《资治通鉴》："御史中丞卢杞，奕之子也，貌丑，色如蓝，有口辩。上悦之，丁未，擢为大夫，领京畿观察使。郭子仪每见宾客，姬妾不离侧。杞尝往问疾，子仪悉屏侍妾，独隐几待之。或问其故，子仪曰：'杞貌陋而心险，妇人辈见之必笑，他日杞得志，吾族无类矣！'"

首先，容貌。虽然唐代不像汉武帝时代那样以貌取人，但杨炎却是典型的帅哥、型男。《新唐书》中说他“美须眉，峻风宇”。——须髯飘飘，眉目舒朗，身材挺拔，气质阳刚，风神俊秀，还有一个美美的绰号：“小杨山人”。

其次，才学。杨炎文辞优美，辞藻华丽，特别擅长为皇帝写发言稿。卢杞以门荫起家，有没有才，正史上没说，但从后来遗留的文献来看，文采确实不是他的特长。

最后，德行。杨炎是典型的孝子贤孙，父亲死后，号呼终日，以至于出现“紫芝白雀”的瑞祥，朝廷下诏旌表。卢杞虽有一个好祖父、一个好父亲，他爹还给他起了一个不错的字：子良。但偏偏他的人品就是不良。史书上说他阴险狡猾，做坏事不留余地。嫉妒贤者，猜忌能者，稍有不顺心、不如意，就非要置人于死地而后快。[1]

卢宰相长得苦大仇深还品行恶劣，杨宰相对他的态度可想而知，史书上说：

恶而忽之，每托疾息于他阁，多不会食，杞亦衔恨之。——《旧唐书·杨炎传》

杨炎看见卢杞就恶心，就烦躁，往往找理由不和他同堂办公，连法定的工作餐都不在一起吃。

在卢宰相眼里，杨炎的英俊、才华、美德，统统都不放在眼里，他的心中只有仇恨加痛恨。

后来，卢宰相轻而易举地把杨宰相发配崖州，就是今天的三亚。那时候，三亚可不是旅游胜地、度假天堂，而是蛮荒之地、死亡工厂。

① 险贼浸露，贤者媢，能者忌，小忤己，不傅死地不止。——《新唐书·奸臣传》

可惜，杨炎甚至没能走到海南岛。刚刚离开长安不到一百里，诏书抵达：赐死。

卢杞害死了多少人？大家可以翻翻唐史。但他却放过了郭家。

郭子仪的谨慎、真诚、温和保住了家族。

我们讲了郭子仪深通安危之道，具有应世的智慧和气度，但都是针对具体的个人或特定的群体。古代家法如何看待安危之道？又是如何教育子弟知世、知人的呢？

安危（中）

上一讲我们讲到唐代中兴大臣郭子仪功高盖世却能居安思危，位高权重又深受皇帝信任，穷奢极欲连君子都觉得理所应当，最后以85岁高龄辞世，留下了两丈八尺高的坟头和无数的子子孙孙。他的子孙中，有公侯，有高官，有皇后，俨然跃升世家大族。

家族风光的基础是什么？是作为一家之主郭子仪认知安危关系的高超智慧和精妙决策。从古到今，父祖辈都希望子孙平安幸福，事业有成，光大门楣，历代家法也无一例外地向子孙传授临危处断的基本法则和应世技巧。

那么，在安危的对立关系中，历代家法都有哪些原则？一般而言，就三大原则：节义不亏，是非分明；诚信不欺，正邪有别；谦谨不纵，曲直有道。不嫉富，不嫌贫。取舍恩怨有道。

先看第一大原则。所谓节义不亏，是指明断是非，不以安危易节义。在保障身家安全和保全节操道义两者之间只能二选一时，选择杀身成仁，舍生取义，这是历代家法一再弘扬的正向道德立场。文天祥在家破国亡之际，拒绝归顺元朝，凛然赴死，成为千古忠臣。死后，人们发现他的衣带里藏有一个小纸条，上面有几句话：

孔曰成仁，孟曰取义，惟其义尽，所以仁至。——《宋

史·文天祥传》①

孔子主张杀身成仁，孟子主张舍生取义。只要坚守气节，自然就会成就仁德。

按照儒家教义，国家危亡时刻，固然要杀身成仁、舍生取义，不能为了个人和家族的安危而放弃原则和信念。

明末天下大乱，无数高官显宦口口声声要忠君爱国，以身许国。但到了最后关头，崇祯皇帝亲自上殿，敲响钟声，召集百官，可惜，没有一个官员到场。②崇祯皇帝只好栖栖遑遑奔上煤山，投缳自尽，一代帝国，就此覆亡。

这些高官显宦在干什么呢？他们没有临危受命，而是忙于自身家庭的安危。有的将家小安顿到南方避难，有的在家里忙着埋金砖银锭，有的在托人找关系，看看能不能在农民起义军中找到亲戚，以便投靠，保全身家。

反倒是一些低级官员，在君父、国家遭遇危亡的关键时刻坚守了平生信仰的道义立场。比如翰林院检讨汪伟，在北京城即将陷落之际，回家和妻子耿氏双双悬梁自尽，成为大明王朝屈指可数的二十一位忠义之臣。南明王朝赐谥文烈，清朝赐谥文毅，名登史册，功耀千秋。③

---

① 召入谕之曰："汝何愿？"天祥对曰："天祥受宋恩，为宰相，安事二姓？愿赐之一死足矣。"然犹不忍，遽麾之退。言者力赞从天祥之请，从之。俄有诏使止之，天祥死矣。天祥临刑殊从容，谓吏卒曰："吾事毕矣。"南乡拜而死。数日，其妻欧阳氏收其尸，面如生，年四十七。其衣带中有赞曰："孔曰成仁，孟曰取义，惟其义尽，所以仁至。读圣贤书，所学何事，而今而后，庶几无愧。"——《宋史》卷四一八

②《甲申传信录》卷三《文臣》："丁未五鼓，上御前殿，手自鸣钟，集百官，无一至者。"

③ 已而城陷，伟归寓，语继室耿善抚幼子。耿泣曰："我独不能从公死乎！"因以幼子属其弟，衣新衣，上下缝，引刀自刭不殊，复投缳遂绝，时年二十三。伟欣然曰："是成吾志。"移其尸于堂，贻子观书，勉以忠孝，乃自经。赠少詹事，谥文烈。本朝赐谥文毅。——《明史·列传》

根据相关史料，汪伟自杀前还做了两件事：一是在墙上写下了十六个字：

志不可辱，身不可降。夫妻同死，忠节双芳。——《甲申传信录》卷三《文臣》

第二件事，自杀前，汪伟悬在右边，妻子耿氏悬在左边。汪伟一看方向不对，应该男左女右。马上吩咐妻子说：哪怕死于危急时刻，也不能乱了男女秩序。重新定好男女方位后，双双从容自杀！

结果怎么样？农民起义军进入北京城，对于忠义之家，忌惮、尊重，相互约定不侵不犯，子孙多有保全；对于那些卖身投靠的官员，却视若乞丐猪狗，索取无厌。

比如魏藻德，明朝最后一任内阁首辅。这人很有才，但在德上却有所亏欠。作为内阁首辅，他没有在最后时刻陪护皇帝，而是静静地等在家里。等什么呢？等自己算计好的光明前程。他知道，不管什么王朝，不管谁坐龙庭，治理天下总得要人才吧？自己算得上是有才的人：皇帝不死，自己位极人臣；皇帝死了，效命新朝一样如日中天。这样不仅可以保全身家，还能富贵无忧。

可惜魏首辅错了。一旦背弃节义，只管自我身家安危，忘却国家君王，忘却自身职守，苟且偷安，不仅要招来道德上的谴责，还会带来无穷无尽的后患。当崇祯皇帝请求各位大臣勋贵捐助军饷时，他口口声声说自己廉洁奉公，薪俸低微，只能捐几百两银子。后来被起义军抓住，夹断手指后一下就捐出了上万两银子。再后来被夹上脑箍，颅骨裂开，死得无比惨痛。他的儿子也没逃过厄运，因为不知道老爹藏金埋银的地方，也被当场斩杀。[①]

魏藻德偷生苟安，换来的是家破人亡，还有青史的千秋贬斥。

处理安危关系的第二大原则是诚信不欺，正邪有别。

明末清初，江山易主，改朝换代，知识分子遭遇了最严重的道德危机和生存困境。为了身家安危，很多知识分子变成了精明的投机者，卑鄙的投靠者，懦弱的妥协者。

李建泰算是崇祯皇帝信任的最后一人。李建泰，山西曲沃人，天启五年进士，当过国子监祭酒，当时唯一的国立大学校长。

崇祯皇帝为什么会信任李建泰？一是这人长得人高马大，一脸大胡子，平时说话诗书礼仪不离口，中气十足，看起来慷慨大气，怎么看都是个正人君子。[②]二是当农民军逼近山西的时候，崇祯皇帝问计大臣，满朝文武不是低头，就是叩头，提不出拒敌退敌的良策，更没人愿意冒死深入前线。这时候，李建泰一下站了出来，不仅主动请缨上阵杀敌，还表态要捐出自己所有的家产募集军队，扶君王于倒悬之际，救国家于危亡之时。

崇祯皇帝感动了！他相信李建泰的承诺。

一向精明深沉的崇祯皇帝为什么会相信李建泰？因为他知道，李建泰虽然没有他说得那样大公无私，慷慨大义。但李建泰家乡遭难，他如此选择，并非单纯为了“卫国”，更大层面是为了保家。保住了家，自然就捍卫了国。

可惜，崇祯皇帝错了。历史上，大个子、小心眼的人太

①《明史》卷二百五十三：“藻德输万金，贼以为少，酷刑五日夜，脑裂而死。复逮其子追征，诉言：‘家已罄尽。父在，犹可丐诸门生故旧。今已死，复何所贷？’贼挥刃斩之。”

② 计六奇《明季北略》卷二十《崇祯十七年甲申》：“其身长而黑胡髯。”

多了。

一方面，崇祯打的是国家的大算盘，李建泰打的却是自己的小算盘。他为什么在危急时刻挺身而出？是为了忠义还是为了利益？是以忠义之名行保全利益之实，属于典型的投机行为！李建泰的小算盘是，率领一支强悍的军队，如果打赢了，保全了国，也就保全了家，自己就会建立不世之功，成为国家的功勋大臣；如果战况不利，凭着这支军队，保全自家的珍宝、土地，还是绰绰有余的。

另一方面，崇祯皇帝不太清楚李建泰的真正为人。这人的品性、性格和他的外观、言行刚好成反比。李建泰不仅自私吝啬、贪财好色，还胆小怕事。他家里养的小老婆有多少？五十个！

那一刻的挺身而出，无非就是一出限量版的真人秀。

但崇祯皇帝很感动，很激动。立马封李建泰以内阁大学士兼任兵部尚书，持尚方宝剑，可以随机处理军政大事。同时举行了盛大的出征仪式，亲笔写下“代朕亲征”四个字，用金杯赐酒三杯，还亲自推着车轮毂启程，在北京城楼上以目相送。

结果呢？李建泰刚刚一出北京城，就听说老家已经被攻破，家里什么都没了。李建泰的豪气、底气、胆气瞬间也没了，剩下的就是小气、霉气、晦气。

后来，当保定城还足以抵抗坚守，他知道了一个消息：他的一家老小和财产都还好好地被起义军监管着，就看他自己的态度。于是积极倡议议降，遭到守城官兵的拒绝。为了换回家产和家小，他授意手下郭中杰缒城投降，保定陷落。

为了给历史一个交代，他又来了一场表演：一把鼻涕一把泪，说没守住保定对不起皇上，对不起大明，要挥刀自刎。

自刎当然是喜剧、闹剧。收场后，他迎来了自己的家小，也接受了返还的一切财物，还火速赶到北京城，参加新朝的入职典礼。

保定沦陷，李建泰的投机取巧和背信弃义浇灭了崇祯皇帝对大臣的最后信任，也遭致了大明王朝的极速崩溃。

所以崇祯皇帝死前说了两句话：诸臣误我；是文臣人人可杀！崇祯皇帝没能杀掉李建泰，但总会有人拿起屠刀。

一旦选择投机，就会选择欺骗，不辨忠奸正邪，只顾利益利害。李建泰先投降李自成；后接受大清招抚，当上了清朝的"院士"——内院大学士，相当于后来的内阁大学士；后来又想投机钻营，要反正，积极配合姜瓖反清复明；再后来，就是死路一条。

李建泰为了身家安危，放弃原则，背弃忠义的后果是什么呢？

一是身死家灭。死之前，他还征求过五十个小妾的意见：几次都逃过了大灾大难，这次看来逃不掉了。你们谁愿意陪我一起死？小妾们转过身去，掩口而笑：你死你的，跟我们一毛钱关系都没有！[①]

二是青史鞭挞（tà）。李建泰背弃大明投降义军，又投降清朝，再反清复明，算不上波澜壮阔，也算是曲折有致。后来史书将他列在《贰臣传》里。

所谓"贰臣"，今天通俗的话就是叛徒、汉奸。

可惜，到了1789年，乾隆皇帝开金口了：

或先经从贼，复降本朝，或已经归顺，复行叛逆，此等形同

---

① 建泰有妾五十人，逃归。语之曰："吾今必死。汝辈有一人肯从吾否。"诸妾俱掩面而笑，窃相谓曰："汝固应死，吾等谓何。"——计六奇：《明季北略》卷二十《崇祯十七年甲申》

狗彘，腼颜无耻之人，并不得谓之贰臣！——《清史列传》

乾隆皇帝直接剥夺了李建泰当汉奸的资格，给他贴上了另一个标签：逆臣！乾隆皇帝的意思是，像吴三桂、李建泰这样的人，先投降李自成，又投降清朝，后来又造反，背信弃义，脸厚心黑，形同猪狗，说他是汉奸反倒成全了他！

处理安危关系的第三大原则：谦谨不纵，曲直有道。

前面我们讲到的安危都属于君国危亡之际如何在确保节义和忠信的大前提下衡量安危。同样是在明清鼎革之际，同样是面对人生的危局、乱局、迷局，我们讲到过民间学者张履祥在乱世避居乡间，力田教子，最后超凡入圣，不仅身家安泰，还成就一世功名。我们也讲到过清朝位极人臣的张英的祖父辈如何看清迷局，避开乱局危局，最终保障了家族的安全，还带来了家族的名誉和繁盛。

但最难、最常见的是在和平时代，如何保有正确的安危之道，做出合理的行为选择，有利于家，有益于国。翻检历代家法，要保身全家，远离祸患，父祖辈都要求子孙能够真诚奉行三不主义：不丧志、不苟合、不阿附。能做到这三点，自然能够自立于世，严守是非立场，善恶边界。

不丧志，是指无论面临艰难困苦、还是身处荣华富贵都能保有独立人格和高远理想；不苟合，是指不为利益牺牲原则和操守，屈从流俗，苟合取容，甚至同流合污；不阿附，不奔波于权贵之门，不谄谀势要之家。

三不主义当中，核心就是不丧志。只有保持了独立人格和高远理想，才能真正做到不苟合、不阿附。

三不主义和我们讲的安危有什么关系？看起来一点儿关系都没有。但从个人和家族的最终命运考察，这才是保全一个家族稳定、持续发展的原动力。如果一个家族子孙品行不达标，修养不到家，走向邪路，就必然将个人和家族带向可怕的道德危局和人伦困境，甚至招来灭顶之灾。

不辱志。无非就两种：人穷志短和富厚丧志。前者是指贫家子弟，这些人步入社会，自卑自贱，心理封闭，甘于随缘度日，一切都归诸于命运。殊不知，很大程度上，自己才是命运的主宰。后者是指富家子弟，这些人丧志多源于父祖宠溺，游戏荒怠，缺乏高远的人生目标，以为财富可凭，官位可依，优哉游哉过一辈子。哪知道，富贵眼前花，一开即凋，自己也没有能力，只能重坠卑贱。

上述两种人，要么辱志，要么丧志，最后的结果就是丧失人格尊严。没有机会就抬头怨天，低头骂娘，还打鸡骂狗搞家暴，成为渣男；一旦有机会，就特别功利、势利，夤缘附势，攀高枝，拍马屁。

但在倪思看来，子弟出仕为官，为了家族和子孙的未来安全，首先要保证大节不亏，否则，丧失人格，再高的地位，再多的钱财，都只能给后代子孙带来危险和危害。倪思表达过一种观点：

贵而谄佞求人，非贵也；富而贪求吝啬，非富也；寿而无德无识，非寿也。然则孰为贵？不求为贵；孰为富？知足为富；孰为寿？有德有识则寿。——（宋）倪思:《经鉏堂杂志》

依靠阿谀奉承、投靠攀附而贵，这不是贵；用贪婪手段攫取大量钱财还吝啬不堪，这不是富；一个人无德无识，活上一百岁，也不叫寿。什么叫高贵？不阿附谄谀而升登高位，这叫高贵；什么叫富？人心知足就是财富；什么叫长寿？有德有识就是高寿。

更重要的是，保持了独立的人格和高远的志向，人就会在富贵时谦谨自守，不苟取，不苟得；在贫困的时候，曲直有道，不阿附，不曲从。

魏晋时期的羊祜，出身名门，却赶上了一个江山易主的时代，政治斗争诡谲凶险，无数人头落地，无数家族分崩离析。但羊祜也是幸运的，就曹魏政权而言，他父亲是曹魏的上党太守，岳父是夏侯霸，夏侯霸的母亲是曹操夫人丁氏的亲妹妹；就东晋政权而言，他姐姐是司马师的妻子。看起来两方面都能投机骑墙，都能平步青云。

实际情况也正是如此。曹魏无数次征辟他做官；司马家掌权也一再征辟他做官，但他都毫不犹豫地拒绝了，承诺绝不出仕，而是游离于外，不介入敏感的政治斗争。

当曹爽、司马懿两派斗争尘埃落定，羊祜承诺出山。但他仍然坚持所有的财富、官位、荣誉绝不苟取苟得。比如晋武帝咸熙二年，司马炎受禅称帝，羊祜进号为中军将军，加散骑常侍，晋爵为郡公，食邑三千户。但他坚决辞让公爵，只接受侯爵；咸宁三年朝廷下诏封羊祜为南城侯，与郡公同级。羊祜坚决推辞，认为这是越分，不仅与自己的贡献不匹配，还会招来嫉妒非议。

不苟取，不苟得，不仅是一种可感的道德品行，还是一种可贵的人生智慧。羊祜依靠这种品行和智慧，善始善终，终成一代名臣。他死后，无论是皇帝，还是百姓，包括敌国东吴的百姓都追悼不已。

苟得是一种消极应受，妄求则是一种积极的贪欲。很多贫家子弟为名忙为利忙，忙得不亦乐乎，最终陷入贪欲的陷阱不能自拔。孙奇逢教育子弟说：

越分妄求，余殃在后。贪人之有，有则为人所贪。——

（清）孙奇逢：《孝友堂家训》

人在贫困时，经常梦想中五百万大奖，但真正中了之后，才发现中奖未必就是好事。这就是孙奇逢所谓的“奇福难享”——莫名其妙、来路不明的财产没有任何一个人能够平安享受。如果超越本分，一味地希图富贵，只能招来灾殃。今天你一穷二白，贪图别人家的财富；明天你发达了，富有了，别人自然也开始贪图你的财富。

妄求的念头一生出来，人的心术就坏掉了，行为也会偏离正道，什么邪门歪道的事都能做出来，最后不是被杀，就是自伤。即便给子女留下家财万贯，也是把灾难转移给儿孙，要么被新贵抢掠，成为待宰羔羊；要么恣意挥霍，两代而尽。

最大的问题是，无论是苟取，还是妄求，这些人的子孙一旦有权有钱，就会鼻孔朝天，骄纵不法，最终身家两败。

我们讲了古人处理安危关系的三大原则，那么，历代家法对于安危关系的把握又有哪些可供借鉴的经验？古人又是如何引导子孙判断安危、真伪、善恶的呢？

安危（下）

上一讲我们讲到历代家法认知安危关系时确立的三大原则：节义不亏、是非分明；诚信不欺、正邪有别；谦谨不纵、曲直有道。

说起来，这些原则无非就是为人的基本素养，和安危有什么关系呢？实际上，子孙的个体素养就是他们生存和发展的前提，也是决定自身和家族命运的根本。这就是我们常说的“为人处世”——知道怎么为人，才知道怎么处世。知道了为人处世的道理，就懂得了什么是天命、天理、天道。

这就是知命、知世、知人的辩证关系。纵览历代家法，关于安危的认知智慧和应世技巧都是通过经验反思的方式传递给子孙，成为一个家族的人格基因和文化密码。这些经验和智慧概括起来可解读为如下五种：明穷达、辨善恶、知荣辱、重得失、慎亲疏。

第一，明穷达，避仇怨。宋代袁寀教育子孙说：世上很多人没远见，只看眼前富贵贫穷。见了富家又是羡慕又是嫉妒，见了穷人又是讥笑又是嫌憎。哪知道富贵无常势，天下大事十年一小变，三十年一大变，自己家族的事都忙不过来，哪还有精力去管别人家族的事？应该放开眼界，看清时事，不嫉富，不嫌贫，管好自家事才是王道。[①]

这就涉及一个问题：贫穷时怎么对待富人；富贵时怎么对待穷人。汪辉祖教育儿孙说：很多人身居贫困时，没有得到乡邻的照应，一旦发达，就将乡邻视为仇人。这种行为有气性，但没见识。试想，今天别人对你不好，你就饮恨记仇，以后乡邻发达了，难道他就不衔恨记仇了？[②]

袁寀对这种世相淡定得多：

但于其平时薄我者，勿与之厚，亦不必致怨。若其平时不与吾相识，苟我可以济助之者，亦不可不为也。——（宋）袁寀：《袁氏世范》

荣华富贵后，一定要善待他人。要牢记两大原则：一是不记仇。平时对我不好的人，不要对他太好，但没必要记仇。二是“泛爱众”，平时不认识的人有急难，只要自己有能力，就尽力周济。

明穷达还必须明确天人关系。人生穷通有时也有数，是坐等天降神运，还是该自我奋发？曾国藩写信给弟弟谈论天人关系时说：

穷通由天作主，予夺由人作主。业之精不精，则由我作主。——《曾国藩家书》

一个人是困厄终生，还是富贵显达，这是老天作主；得到或者失去什么，这是由别人作主。但学业精不精，就全由自己作

---

① 世人无远识，凡见他人兴进及有如意事则怀妒，见他人衰退及有不如意事则讥笑。同居及同乡人最多此患。若知事无定势，则自虑之不暇，何暇妒人笑人哉！——（宋）袁寀：《袁氏世范》

② 人有居贫困时，不为乡人所顾；及其荣达，则视乡人如仇雠。殊不知乡人不厚于我，我以为憾；我不厚于乡人，乡人他日亦独不记耶！——（清）汪辉祖：《双节堂庸训》

主了。

曾国藩教育儿子：

凡富贵功名，皆由命定。半由人为，半由天事。惟学作圣贤，全由自己作主。——《曾国藩家书》

富贵功名，都由天命。但也是半在人为，半在天事。是否读书作圣贤，则完全由自己决定。

曾国藩提到的“天”和“命”，代表的是一种必然性。但他更强调的是人事，是个体的自我努力、磨砺。

明穷达还必须审定时事，当为则为，不当为则不为。历史上从来就不缺道德英雄。比如，孔子“天下事知其不可而为之”；文天祥慷慨就义；陆秀夫崖山殉国。这些都是儒家提倡的“勇”，是到了人生紧迫关头不可不为的道义之举。

但更多的应当选择“智”，明确自己和时代之间的关系。嵇康身处乱世，一再告诫儿子要“堪近患”“忍小情”——明白眼前灾患，想出避让之策；忍受小辱小非，离开是非之地。嵇康特别提到一个细节：

所居长吏，但宜敬之而已矣。不当极亲密，不宜数往，往当有时。——（三国）嵇康：《诫子书》

对于自己的上级，保持尊敬就行了。不要和上级走得太近，私交不要太亲密，不要频繁走动，拜见也要挑时机。

嵇康自己特立独行，为什么会用这样的理念教育孩子？原因很清楚，身当乱世，孩子小心自保最重要。为什么要和长官保持距离？因为一见面，长官就会问及各种是非消息。知道了不说是欺瞒，说了必然结怨于人。

嵇康有智慧，有气节。他要儿子注重应世的各类细节，是智慧；他自己则选择了不妥协、不退避、不饶恕。贵胄公子钟会带着一帮仆从专门登门拜望，他却专心打铁，都不正眼瞧一眼；钟会写成《四本论》，想炫耀一下，要送给嵇康指教，但终究心虚，怕当面受辱，只好从围墙外扔进去。

这种傲气害死了嵇康。凶手就是他一向蔑视的钟会。宋代李邦献对这类“不识时务”的君子评价是：

块土不能障狂澜，匹夫不能振颓俗。——（宋）李邦献：《省心杂言》

一个中正之士不可能倒悬日月，力挽狂澜；一个普通的人也不能振作一个时代颓败的风气。

怎么办呢？只能像司马光所说的那样，避开仇怨，远离是非，守身守心，知命待时，

第二，辨善恶，明是非。天生万物，品类不一；人分善恶，事存是非。如何在纷繁复杂的人世相处，如何辨识各色人等，是历代家法的重要内容。

南宋韩侂胄当政时期，赶走了正直敢言的吕祖俭。他的堂弟吕祖泰虽然没有任何功名，但发誓要“以言报国”。这人性气豪放疏达，直口无隐，经常吓得一帮朋友捂着耳朵逃离现场。[①]后来吕祖俭死于贬所，吕祖泰敲响登闻鼓，公开要求杀掉权臣韩侂胄。后来走向公堂，地方官生怕引起连锁反应，就问他说：是谁教唆你诬陷当政的？你供出来，我就饶了你。哪知吕祖泰一下就顶了回去：这种事是杀头的事，需要谁教！地方官想不通，说他得了失心疯。吕祖泰回答说：

以吾观之，若今之附韩氏得美官者，乃病风丧心耳。——《宋史·吕祖泰传》

---

①《宋史·忠义传》：“论世事无所忌讳，闻者或掩耳而走。”

在我看来，今天那些阿附韩宰相获得高官显爵的人，才是真正的丧心病狂！

吕祖泰能辨析天下大势，能识别忠奸。但他却不识人心，他的亲密朋友右谏议大夫程松听说他得罪了韩侂胄，为了避嫌，立马上书要求严惩吕祖泰，具体措施就是杖刑。

再说韩侂胄，这人是韩琦、韩忠彦之后，《宋史》将他归入“奸臣传”，但他到底是忠臣、奸臣，历史上已经争论了近千年，我们不讨论这个问题。这里想说的是，韩侂胄身为宰辅，同样陷入了吕祖泰的尴尬境地：不识人心，不辨善恶。虽然他追夺了秦桧的谥号“忠献”，改称恶谥“谬丑”，封了忠臣岳飞为“鄂王”，看起来忠奸分明。但他对自己身边的小人却难以识别，所以倪思说他“明而不聪”。

比如苏师旦，他的贴身秘书，典型的小人、恶人，但韩侂胄却一次次将他擢举高位还宠信有加，最后背上恶名。苏师旦招权纳贿，卖官鬻爵，每个官位都有明确的市场价格，童叟（sǒu）无欺。这些事情全天下都知道，偏偏韩侂胄不知道，知道了还不相信。苏师旦身家早过亿万，但经常在韩侂胄面前哭穷借钱，说是工资太低，实在过不下去了。搞得韩宰相还特别感动，认为他是难得的清官。后来苏师旦被逮捕，一句话就将恩人兼老领导推向舆论的风口浪尖：

扬言于人，谓诸将贿赂，非所独得，盖指侂胄而言。——（宋）叶绍翁：《四朝闻见录》

苏师旦四处扬言，说自己是贪污受贿了，但并没有独吞，言外所指，大家都知道是他的老上司、恩父韩侂胄也得了好处。

后来，韩侂胄落马，被杀掉后和苏师旦的脑袋一起送给了金国。

但金国人却知道韩侂胄的分量和品格，不仅高规格埋葬了他的脑袋，还给他加封侯爵，赐了一个完全相反的谥号：“忠谬侯”。理由就八个字：“忠于谋国，谬于谋身。”——忠心国事，发奋振作，但不辨奸邪，被小人所误。上对不起祖宗，下保不住身家！

第三，知荣辱，远祸患。如何对待荣辱，既可以看出一个人的器量胆识，还能看出一个时代的底色。韩侂胄作为贵胄世家，饱读诗书，但忽略了父祖辈的教诲，所以盛日之荣适为末日之耻。

韩侂胄当政时期，天下世风日下，倪思谴责官场风气：

士大夫寡廉鲜耻，列拜于势要之门。甚者匍匐门窦，称门生不足，称恩坐、恩主甚至于恩父者。谀文丰赂，又在所不论也。——《宋史·倪思传》

士大夫鲜廉寡耻，趋拜豪门势要。甚至还跪拜门堂，称门生不足以表达阿附的决心，还改称恩坐、恩主甚至恩爹！至于作文谄谀，送纳财货，反倒成了最普遍的现象。

倪思痛斥官场腐败，韩侂胄心知肚明，但可怜的虚荣心加同情心让他一次次陷入小人布下的重重迷局。

有一次韩宰相过生日，吏部尚书许及之加班来晚了，韩家大门已经关上。许尚书情急智生，从狗洞爬进韩府，堂堂吏部天官钻狗洞，好像这是唯一。后来，才两年没升官，许及之就一边哭求，一边弯下膝盖，韩侂胄看这人虽然官瘾重，但对自己如此卑躬屈膝，也是够可怜的了。于是将他升为副宰相。许及之由此获得两个美名：“由窦尚书”“屈膝执政”。

比如，韩侂胄过生日，临安一位知府姓赵，这人为了升官，百官献礼完毕，他献上了两个盒子，说是忠心难表，只能送点果核。当场打开，是一个赤金打造的葡萄架，所谓葡萄，就是上百颗极品珍珠。这创意之高妙让百官大开眼界，自愧不如。很快，这位知府大人就升任工部侍郎。有一次，韩侂胄到郊外野游，大发感慨，说这才是真正的田园生活，可惜缺了鸡鸣狗吠。话一说出口，狗叫声就响起了——赵侍郎弯腰屈膝学起了狗叫，只差两只手没放下去。

这些都是不近人情之举，超越了人之作为人的最起码的道德底线，作为名门之后的读书人，韩侂胄不可能不清楚。但他要么虚荣心重，淡淡一笑，宽怀受领不疑，要么心生怜悯，超擢提拔。

精明强悍的韩侂胄就这样被一群小人毁灭了，最后身首分离，千年蒙耻。

反倒是看似自取其辱的吕祖泰因一腔忠义，进了《宋史·忠义传》，流芳百世。

第四，重得失，轻财利。汪辉祖认为财富是考察人品的最佳手段，主张不妄取，不滥施。他说：财产往来，最能够看出人的本质。天下没有不计较财利的人。那种不屑于斤斤计较的人，不是他愿意吃亏，而是气量大度，善于包容而已。但财产交往一定要注意，明着占了一分便宜，私下却被人瞧不起。即便是至亲密友，账本一定要清清白白，不可贪占便宜。①

著名理学家焦循对于财产往来确立的原则是，借出不追；借入必偿。焦循的父亲借了别人的钱，本来可以不还了，但老人家担心自己死后儿孙赖账，死前半个月，先用良田抵债，收回欠条。这种行为对焦循触动很大，他教育后代说：

---

① 财利交关，最足见人真品。天下无不能计利之人，其不屑屑较量、甘于受亏者，特大度包荒耳。显占一分便宜，阴被一分轻薄。故虽至亲、密友，簿记必须清白。——（清）汪辉祖：《双节堂庸训》

别人欠我债，但无力偿还，我不追债，毁掉欠条，这是很好的德行，但还是不难做到；反倒是我欠别人的债，按情势完全可以不用清偿，我竭尽全力偿还，这就是仁者才能做到的事。①

吕蒙正身登相位，有两件事很能说明他的个性和人品。第一件事，有位官员家藏一面古镜，据说能照两百里，想作为见面礼送给吕宰相。吕蒙正一听就笑了：我的脸只有碟子大，要你那照两百里的镜子干吗？②

第二件事，卢多逊当宰相的时候，立下一个规矩，宰相的儿子起家可授员外郎，品级在七品至六品之间。但吕蒙正坚决反对，上书皇帝说：我们这些读书人青灯黄卷十多年，好不容易高中皇榜，起家为官也才是九品。还有众多的饱读诗书之辈，科举无望，老于林泉，一辈子都沾不上朝廷点滴之恩。我们的孩子刚刚长成，贸然成了员外郎，这样下去必遭阴谴。③

阴谴倒谈不上，但骄纵子孙，自毁长城，引来羡慕嫉恨是事实。吕蒙正的智慧就在于：含着金钥匙出生，自己子孙自恃门第高贵，为所欲为，要么触犯法网，要么沦为庸才，要么被更高权贵家族打压、打杀。更可怕的是，阶层固化会招来中下阶层的一致反抗、对抗，最终为家族招来无穷无尽的祸患。

最后，皇帝采纳吕蒙正的建议，从此以后，宰相儿子授官起步只能是九品京官，以后成为定制。

---

① 人负我债，而其人力不能偿，我因不索而毁其券，此盛德事，尚非难也。唯我负人债，而势可以不偿，而竭力以偿之，则仁者事矣。——（清）焦循：《里堂家训》

②《宋史・吕蒙正传》："朝士有藏古镜者，自言能照二百里，欲献之蒙正以求知。蒙正笑曰：'吾面不过楪子大，安用照二百里哉？' 闻者叹服。"

③《宋史・吕蒙正传》："先是，卢多逊为相，其子雍起家即授水部员外郎，后遂以为常。至是，蒙正奏曰：'臣忝甲科及第，释褐止授九品京官。况天下才能，老于岩穴，不沾寸禄者多矣。今臣男始离襁褓，膺此宠命，恐罹阴谴，乞以臣释褐时官补之。' 自是宰相子止授九品京官，遂为定制。"

第五，慎亲疏，辨正邪。人情有亲疏，但何者亲，何者疏，不仅考验着智慧才识，还决定了自己的未来人生。大的原则各种家法都说得很清楚：亲近贤人善人，远离小人恶人。贤人善人好说，但没谁头上贴个标签，说自己是小人恶人，这就有两个问题：首先，如何识别小人恶人？其次，如何对待小人恶人？

这就涉及两难：第一个问题是识人难；第二个问题是处世难。

纵观古代家训，对待小人一般采用几大原则：不结缘，不得罪，不妥协。不妥协好说，我们讲讲不结缘，不得罪。

世上聪明人未必都是小人，但小人大多是聪明人。所谓不结缘就是自己要立心忠厚、立身清正、立志高远，不要轻易被小恩小惠笼络，丧志辱行，落于人情圈套。袁寀的经验是，除非笃定对方是君子，否则一顿饭、一缕布，都不要轻易接受。为什么呢？袁寀的观点很有见地：我穷困未达，见了恩人，每怀敬畏之心，别人也想到有恩于我，面有得色，这样下来很难受。更何况，有朝一日我发达了，想报恩，如何才是个尽头？不报，又有亏于道义，被骂作小人。①

袁寀还特别提醒儿孙：祖辈传下来一句话，你们必须牢记。什么话呢？受恩多则难以立朝——受人恩惠多了，难以立朝做官。为什么会这样？清代彭玉麟在给儿子的信中，解释了个中原因：我平素不肯受人周恤，宁愿我周恤别人都行。受人恩惠，除了那种不思报偿的君子外，一般人都会认为有恩于我，希望我能够报答。不报答，别人骂你忘恩负义；如果报答，一滴恩惠涌泉

① 居乡及在旅，不可轻受人之恩。方吾未达之时，受人之恩，常在吾怀，每见其人，常怀敬畏。而其人亦以有恩在我，常有德色。——（宋）袁寀：《袁氏世范》

相报都不能满足他的欲望。这样一来，请托的、炫恩的接踵而至，这官怎么做得下去？①

不得罪。史搢臣的经验是：

小人固当远，然亦不可显为仇敌。——（清）史搢臣：《愿体集》

小人一定要远避，但决不可让他将你视为仇敌，否则如蛆附骨，遭遇的危险不言自明。

汪辉祖告诫儿孙，切不可破小人机关，不可发小人隐私，否则终生受累，弄不好身家败亡。

故遇小人无礼，当容以大度。即宜公言，亦须稍留余地，庶不激成瑕衅。——（清）汪辉祖：《双节堂庸训》

出门在外，遇到小人无礼冒犯，当以大度之心对待。即便当场对质，再有道理，也要留有余地，不要让他终生嫉恨，寻机报复。

更有名的应世策略是对小人敬而远之。姚舜牧解读这一法则说：

亲正远奸，大要在“敬”之一字。敬则正人君子谓尊己而乐与，彼小人则望望而去耳，舍此更无他法。——（明）姚舜牧：《药言》

亲近正人，远离奸邪，都在一个“敬”字上。敬君子，君子受到尊重而乐于交游；敬小人，大家都心知肚明不说破，他自然离你远去，除了这个办法，还真无法可想。

---

① 施人恩报者，必意为有恩于我，而责我之报。于是请托也，炫恩也踵相接。不应则忘恩负义之诮所不免，应则施一报十者尚不足以满其欲。——（清）彭玉麟：《家书》

经权（上）

中国近现代学术界出了一位旷世奇人赵元任。他是美国康奈尔大学的理学学士，哈佛大学的哲学博士。取得哲学博士学位后，回康奈尔大学教书，教什么呢？物理学。1920 年回国，在清华大学任教，教的课程有三门：物理学、数学、心理学。1921 年又回哈佛大学，教的课程变成了哲学和中国语言学。1925 年再回清华，和王国维、梁启超、陈寅恪共同成为清华四大“国学导师”。其他几位教授最多在文史哲领域自在畅游，赵元任先生更渊博，在清华至少开了七门课：数学、物理学、中国音韵学、普通语言学、中国现代方言、中国乐谱乐调和西洋音乐欣赏！

在群星闪烁的时代，赵元任纵横于数学、物理学、语言学、音乐学、逻辑学、心理学各大领域，是公认的学霸和通才。单从语言才能上说，他精通英、德、法、日、俄、希腊、拉丁等外语，注意，是精通。他随时可以用这些国家的方言对话，搞得巴黎人和柏林人同时都认他是地道的老乡。他还会 33 种方言，随时可以用各种方言和各路人士畅所欲言，大家都争着认老乡、攀交情。1945 年，他同时当选为美国语言学会主席、会长，1948 年当选为中央研究院第一届院士、美国艺术与科学院院士。

他养了四个女儿，长女是哈佛大学第一位华裔女教授；二女儿在国内，是著名化学家；三女儿是康奈尔大学教授；四女儿是麻省理工学院教授。

就是这位学霸，也有干不了的事。比如 1946 年民国政府教育部长朱家骅发电报，恭请他出任南京中央大学校长。他立马回电，简洁明了，就五个字：“干不了。谢谢！”

这不是真的干不了，毕竟当大学校长比当教授轻松多了。真正的原因是他不愿意干。他不想把自己的精力、才能耗在自己不喜欢也不擅长的琐碎事务上。

但有一项工作他确实干不了，也不愿意干。什么事呢？当家。他和杨步伟自由恋爱，自主结婚——新郎新娘自己制作了结婚证，贴上四毛钱的印花税票，请好朋友胡适签了个字。然后就向全世界宣告，结婚生效，浪漫一生。曾有人问老两口，你们家谁当家作主啊？杨步伟毫不客气地说，我呀。当然，大事还是他拿主意，但是我们家好像从来就没什么大事！赵元任默然含笑，点头同意。

谁当家作主，这是一个古老而敏感的话题。男子当家，被视为天经地义，女性当家作主，在那个时代，算是惊世骇俗的大事、奇事。

男性当家，肯定有身份性局限，但不可否认，这是一种文化选择和利益衡量，并不是说就瞧不起女性，更不存在歧视。

首先，自然分工。男主外女主内，这是传统社会基于角色分工构建起来的制度。男性主要负责的是对外交往，也承担着养家、护家、保家的责任，所以一般是“户主”。这种现象不仅存在于中国古代，在全世界都占主流。

其次，防范风险。古代为什么通过法律和家法赋予并确认男性家长的权利？实际上是为了让他承担更多更大的责任，最大限度减轻家庭、家族的经营风险，维系家庭安全。在自然禀赋差异过大、信息严重不对称的社会，如果让妇女外出经商做生意，亏损风险大不说，本人还可能被骗被拐。换言之，男女平等只能是法律和人格上的平等，并不意味着妇女非要去承担男性的责任与风险。一旦出现人伦、人道悲剧，才是对妇女最大的不公平！

最后，有经有权，特殊情况下，并不排斥女性当家。在传统社会，男性当家作主，这是经，是常态；妇女当家作主，这是权，是例外。比如，当丈夫死亡、远宦、失能，如果妇女不愿离婚或改嫁，就只能承担起家庭治理的重任。

这是在守节和改嫁两种选择中自由选择后的唯一结果。前秦时代有个妇女姓宋，丈夫去世后，选择守节，守着儿子辛苦度日。白天深山砍柴，晚上教子读经，儿子睡觉后还得纺纱织布。后来，前秦皇帝苻坚提倡教育兴国，找不到《周礼》的教授，特聘她为教授，派了 120 个学生到她家求学，这就是历史上有名的宣文君。宣文君不仅自己当家作主，独立教育儿子成才，还成了中国历史上第一位女教授。

当然，到了现代开放社会，男女组成家庭后，由谁当家，双方可以自由协商，或者共同管理。赵元任先生家就属于这一类。当时虽然惊世骇俗，挑战传统，但其效果却惊人的好。无论是赵元任一生的惊人成就，还是子女教育的成功，都成为家庭治理的典范。

为什么说女性当家是个敏感话题？这涉及传统家庭治理和社会治理中的经与权的关系问题，也涉及传统家法的基本价值定位和制度规范问题，还涉及对治理绩效和智慧选择的评价问题。

什么是经？什么是权？两者之间的关系如何？历代家法如何处理经与权的关系？

经权关系是中国哲学、伦理学的永恒话题。所谓“经”，是指常情常理，常识常态；所谓“权”，是破例，破格，是反经，是变通。

经权关系反映的是一种辩证思维和应变智慧。比如儒家强调“男女授受不亲”，反对男女非正常接触，这是“经”，是人伦大防，也是治家规矩。再如浦江郑氏家族在家法中就规定：女孩长到 8 岁就不许外出，否则严惩她母亲；男女不能共用洗手间和浴室；妇女不得接触男性美容师；等等。①

男女不得亲为授受，这是“经”。但如果面临特定的情形，则需要从权，不得拘泥，不得固守。孟子主张男女必须恪守大防，齐国著名的辩论家淳于髡就问他：你说叔嫂不亲受，这是礼，对吧？孟子说，没错，就这意思。淳于髡开始设套：要是嫂子掉水里，眼看就淹死了。小叔子能不能抱着手说，男女授受不亲，我不能牵嫂子的手，一牵手就违礼，我找我哥去？孟子说，不行，必须救。淳于髡说，那不就违礼了？孟子说，没有，这是从权。②

这就是“嫂溺（nì）叔援”的典故。叔嫂平时不亲为授受，这是经，是常礼；但嫂子掉水里，小叔子就有救助义务，必须伸手援助，这是权，是特例。

同样的难题还有，比如父子礼节。明代的李东阳是神童，8 岁进府学，15 岁中举，一举成名天下知。根据史料记载，李东阳 4 岁的时候随父亲进宫觐见景泰皇帝。宫廷门槛太高，李东阳跨半天也过不去。皇帝就开玩笑说：“神童腿短。”李东阳抬起头回答说：“天子门高。”——不是我腿短了，是你的门太高了！③ 皇帝

---

①《郑氏家范》第一百六十四条：“女子年及八岁者，不许随母到外家。余虽至亲之家，亦不许往，违者重罚其母。”第一百六十六条：“男女不共圊溷，不共湢浴，以谨其嫌。”第一百六十七条：“男女不亲授受，礼之常也。诸妇不得用刀镊工剃面。”

②《孟子·离娄上》：“男女授受不亲，礼也；嫂溺，援之以手者，权也。”

③ 查继佐《罪惟录·列传》卷十一中《李东阳》。

一高兴，就让人抱他进殿，放在自己腿上，赏赐瓜果。他父亲在殿下跪拜后恭恭敬敬地站着，他却悠闲地吃零食。皇帝就打趣说："子坐父立，礼乎？"——当爹的站着，你这当儿子的坐着，这合礼吗？李东阳立马回应说："嫂溺叔援，权也！"——你抱着我不放，我哪能下去呀？这就像嫂子掉水里，小叔子只能援手相救，迫不得已啊！皇帝高兴坏了，说这神童以后真是做宰相的料。①后来李东阳立朝五十年，担任内阁大学士十八年。

关于经和权的关系，哲学领域各流派争议很大，有汉儒之论，有宋儒之论，宋儒之中又有二程和朱子之别。笔者赞同朱熹的观点，朱熹说：

经者，道之常也；权者，道之变也。——《朱子语类》卷二十四

经是万世常行之道，权是不得已而用之。——《朱子语类》卷三十七

朱熹认为，经是道的常态，权是道的变化；经是万古不易的纲常大道，权是万不得已的应急策略。

具体的哲学论证复杂、烦琐，争议也大，我们不具体涉及。我们结合中国家法来说明经和权的关系及其运用之道。

所谓权宜之计，就是传统哲学中的"反经从权"。但前提必须是经、权二者发生冲突，出现两难选择，万不得已，只能二选一。通俗地说，只有在特殊情形下，两种对立价值并存且只能选择其一时，牺牲所谓的"经常"，选择"权宜"。

比如传统社会，男子当家作主是"经"，丈夫死后，妻子可

① 李文正公幼举神童，帝抱到膝上，时其父拜起侍丹陛下。帝曰："子坐父立，礼乎？"对曰："嫂溺叔援，权也。"——（明）蒋一葵：《长安客话·小履纻衫》

以再嫁，就不会丢人。但再嫁，又会失节。怎么办？前面讲到的宣文君很有智慧，两害相权取其轻：立志守节，就只能从权，深山砍柴，闹市出入。

按照这个标准，机变狡诈不是从权。因为这类人面临的不是价值上的两难选择，而是针对特定利益冲突采取的利己性应对策略。刘宋时期的司徒刘义康，是宋文帝刘义隆的同父异母弟弟，专权揽誉。有一天，两兄弟闲话。皇帝哥哥对执掌事权的弟弟说，今年江南的桔子形状不一，味道也不好。哪知道，刘义康自大还托大，说话也不经过大脑，立马回答，不对啊，我那儿的桔子又大又圆，味道很好。马上派人回家取了几大筐送过来。皇帝哥哥脸色立马就变了，他清楚了：朝廷官员和地方大员并没有把他这皇帝放在眼里，而是把掌握实权的弟弟待若皇帝。如果不加防范，有朝一日，自己这皇帝迟早要被亲爱的弟弟取而代之！很快，宋文帝果断把刘义康贬出朝廷，后来又找个理由杀了他。

刘义康明明是实权派，但不懂政治，不明人情，还不通世故。但作为兄长，作为皇帝，刘义隆有很多方法防范弟弟造反，他却以迫不得已的理由诛杀弟弟，毁绝人伦，违反伦常。这是反经，但绝非从权！

这情景剧在历史上经常上演。说话不过脑的基本被搞死搞残；经过深思熟虑的却能利用诈术，保全恩宠，化解危险。我们穿越一下，回南宋看看秦桧是怎么处理危机公关的。

秦桧的夫人王氏，是李清照的表妹。李清照的智商不用说，她表妹的智商不好说。有一天，她到宫里觐见显仁太后。聊着聊着，太后就说，今年的子鱼太小了。王氏聊天是好手，脑袋却似乎不够用。立即接话，不对呀，我们家就有这么大的，我回家进贡一百尾聊表孝心！

王氏回家，马上咋咋呼呼地安排人捞鱼装箱。秦桧一问，大惊失色，开口就骂，骂得王氏一头雾水，一脸无辜。秦桧怕什么呢？他饱读诗书，知道刘义康被杀的原因。但夫人话已出口，又找不到解决办法。于是急急忙忙招来门客高参，商量对策。

高参的水平就是高。他们用了三十六计中的两计，成功脱困解围。哪两计？“偷梁换柱”和“假痴不癫”。

最后，送进宫里的自然不是名贵的子鱼，而是形状相似、块头较大但又是再常见不过的青鱼！

显仁太后一看，笑得前仰后合，指着王氏说：我说你这女人痴笨，没想到笨到这份儿上，居然连子鱼和青鱼都分不清！①

秦桧懂政治，多机变，以夫人的“愚笨”化解了猜疑和风险，还换来了皇帝和皇太后的进一步宠信。这世上，聪明人对蠢笨的人都很包容，还特别信任。但如果这蠢笨是装出来的，谁更聪明，就难说了。

我的结论是，秦桧的应对策略是狡狯，是避害，不是从权。

同样，投机取巧也不是从权。投机是前后采取相反的价值立场和行为选择；取巧是审时度势，选择最优化策略实现最大化利益，而无视原则和规则。

前者如正史中记载的马融，后者如民间故事渲染的孙膑。

马融是东汉著名的大经学家，在今天算是国家级教学名师，

---

① 宋文帝时，司徒义康颛总朝权，四方馈遗，皆以上品荐义康，而以次品供御。上尝冬月啖柑，叹其形味并劣，义康曰：“今年柑殊有佳者。”遣人还东府取柑，大供御者三寸。上寝不能平，义康旋以罪废。唐代宗谓李泌曰：“路嗣恭献琉璃盘九寸，乃以径尺者遗元载，须其至议之。”赖泌一言，嗣恭免罪，而元载竟诛。吕许公不肯多进淮白鱼，盖惩此也。秦桧之夫人，常入禁中。显仁太后言近日子鱼大者绝少。夫人对曰：“妾家有之，当以百尾进。”归告桧，桧咎其失言，与其馆客谋，进青鱼百尾。显仁抚掌笑曰：“我道这婆子村，果然！”盖青鱼似子鱼而非，特差大耳。观此，贼桧之奸可见。——罗大经：《鹤林玉露卷二 甲编》

门下弟子动辄上千，收学费收得不亦乐乎。但这人才高德薄。汉安帝永初二年，实权派人物大将军邓骘（zhì）慕名招请他担任舍人，也就是私人秘书兼政务参谋。但马融瞧不上这职位，断然拒绝。理由是什么呢？要保持知识分子的独立人格和自由思想，要守贞自励。后来，发生边乱，学生跑得差不多了，教育也办不下去了，教学名师成了虚名。马融衣食不周，吃喝发愁，马上就后悔了：守贞还守得发穷了。他说，天下最大的事情就是保身养命，守贞能换来食物吗？饿死了，留下个虚名有什么用？于是，屁颠颠地跑到邓大将军门下当舍人。《后汉书》中评价他在“守贞”和“从俗”之间摇摆，真正的目的是投机，是为了利益最大化！①

反倒是他的学生郑玄，清贞自励，不阿世，不从俗，力田授徒为业，数次推辞朝廷任命，赢得了天下士民的真心仰慕。建安元年，逃避黄巾军的郑玄从徐州返回高密，哪知半道上刚好碰上了数万人的黄巾军。这些起义军不仅没有劫杀抢掠，反倒是一路跪拜，恭送远去。起义军还相约发誓，因为郑玄住在高密，任何义军不得进犯。郑玄的好人品换来了一方安宁，看来，所谓“虚名”还是很有用的。②

如果按照颜之推教诲子女的标准，作为教学名师的马融是“巧伪”，郑玄就是“拙诚”。颜之推的观点很明确：巧伪不如拙诚——与其奸诈用计，巧妙伪装，倒不如守拙实诚，不欺不谬。

---

①《后汉书·马融传》：“马融辞命邓氏，逡巡陇、汉之间，将有意于居贞乎？既而羞曲士之节，惜不赀之躯，终以奢乐恣性，党附成讥，固知识能匡欲者鲜矣。夫事苦，则矜全之情薄；生厚，故安存之虑深。”

②《后汉书·郑玄传》：“建安元年，自徐州还高密，道遇黄巾贼数万人，见玄皆拜，相约不敢入县境。”

世上无数的聪明人，面对名利的诱惑，往往放弃原则，还找出很多冠冕堂皇的理由。比如，上有老下有小，养家艰难。这种人一般都用经和权的关系来为自己开脱，说迫于情势，不得不如此，这样的结局只有一个：聪明反被聪明误。

再看取巧。孙膑是兵学大家，鬼谷子的得意门生，在当时就是神一般的存在。奇怪的是，民间并不注重孙膑本人极为可贵的兵学辩证法，却将一些应急性的智巧故事附会在他身上，还作为一种“智慧”广泛流传。最出名的就是两个智巧比拼故事：一个是鬼谷子让孙膑和同门师兄弟庞涓两个人一天砍一百担柴火挑回来。庞涓挥汗如雨，一整天才砍了五十担。孙膑呢？开始游山玩水，累了扒拉一些枯草朽枝，还趁着太阳好，睡了个午觉。睡醒了，砍下一棵小柏树，削成扁担，晃晃悠悠地挑上回来，这就叫“柏（百）担柴火”。

另外一个，鬼谷子让这俩师兄弟一人拿三文钱买东西，要装满三间空房子。庞涓访商家，下市场，苦思冥想，最后买了便宜的灯芯草。回来一阵挥洒抛扬，勉强完成了老师的实践课作业。孙膑怎么办的？两文钱买了三根蜡烛，留下一文钱当私房钱。晚上，一个房间一支蜡烛，点燃后，屋里满满的都是光！

民间故事版本中孙膑足智多谋，但他的应急策略显示的是聪明，而不是智慧；是取巧，而不是从权。

对于这类机巧，曾国藩深恶痛绝，要求子弟万万不可学样。他的九弟曾国荃，人称“九帅”，开始脾气刚狠，后来官位升上去了，脾气柔和多了。但曾国藩很着急，为什么呢？弟弟看起来谦和了不少，实际上本质没变，只是越来越世故圆滑。咸丰八年正月初四，他写信明确劝诫弟弟：你经见的事情多了，也吃了不少亏，表面上是谦和了。但我看来，你为人处世多了些“机权作用”——知道用计策，玩花招，这不是古人所谓的“权宜应变”！不是变聪明了，而是误入机巧一途，变笨了。人生绝不能因为碰到巧诈的人多了，就跟着学样，脱离了诚信谦谨的根本。[①]

我们讲了，只有在两种相反价值发生冲突时才能出现经和权的选择，我们也讲了机智诈变、投机取巧不是从权。那么，另外两个问题就出现了：怎么判断经和权的价值冲突？反经从权是否就意味着“离经叛道”？中国家法对此又有什么样的智慧可供我们借鉴？

---

①《曾国藩家书》咸丰八年正月初四“致九弟”：“弟自谓笃实，吾自信亦笃实人，只为阅历世途，饱更事变，略参些机权作用，把自家学坏了。实则作用万不如人，促惹人笑，叫人怀恨，何益之有？贤弟急须将笃实复还，万不可走入机巧一路。纵人以巧诈来，我仍以浑含应之，久之则人之意也消。”

经权（中）

上一讲我们讲到了经和权的内涵和关系：经是常道常理，权是权宜应变。我们还提出了权变的前提必须是两种价值发生冲突但必须要做出单向选择时，才能选择权变。所以我们排除了巧诈机变之类的应急性策略，认为这些都是功利性、利己性的小聪明，有损于经所倡导的原则和规则，无益于道德的培育和智慧的增长。

比如，嫂溺叔援是礼与义的冲突：不亲为授受，这是礼；救助生命，这是义。但嫂子掉水里，人伦之礼就必须让位于生命救助。宣文君的选择也面临的是礼和义的冲突：守节与否是义的问题；抛头露面还是深藏闺中，则是礼的问题。相较之下，保全节义只能选择自立门户，砍柴卖柴，还得当女教授，垂帘授课。

我们必须说明，礼和义表面上可能发生冲突，但在基本价值立场上则不可能截然对立。所谓表面，是指礼数、礼仪、礼节，但礼的核心却不能违背义的价值内核。这就涉及另一个很重要的问题：从权是否就意味着必须“反经”？甚至离经叛道？不是。“权”如果离开了“经”的约束，就会转化为诈术机巧，甚至以情殉理，形成歪理邪说。

五代时期著名的文学家和凝，在梁朝贞明二年（916 年）中了进士，时年 19 岁，算是年少高才，名次是第十三名。到了后唐时期，他主管科举考试，长兴四年（933 年），大名人范质考中进士，排名也是第十三名。这不是巧合，而是和凝有意为之！他专门招来范质谈话：凭你的文章水平，应当是状元，但为了传我的衣钵，你就暂时屈居十三名吧。——也就是说，和凝为了让范质传递衣钵，连科举名次都设计得和自己一样。

科举是为国选材，是国家的名器，怎么会成为私家的恩眷，任意摆布？范质会提出异议吗？可惜，范质不仅没异议，还很荣幸。这事还成了“佳话”！和凝、范质都先后担任宰相，后人也认为是雅事、盛事。[①] 更巧的是，和凝到了后汉一朝被封为鲁国公，范质在宋代也被封为鲁国公。

这事虽然巧，但自己考什么名次，就判喜欢的考生什么名次，显然有失公正。至于传衣钵，更是歪理。换句话说，从权不得违背善、义两种价值，不能以传衣钵为由破坏科举的公平，任意改动名次！

正是从这个意义上，康熙皇帝赞同程颐的说法，不承认“反经从权”，认为“权”本身就是一种“经”。为教育皇子皇孙，他提出了自己的经权理论：

盖天下止有一经常不易之理，时有推迁，世有变易，随时斟酌，权衡轻重，而不失其经，此即所谓权也。——爱新觉罗·玄烨：《庭训格言》

康熙皇帝在程颐的学说基础上，增加了经和权互动的参数变量：时代变化与需求，还在经权之上设立了一个更高的范畴：理。他认为，理是万古不变的，但时光流转，世道变迁，这种理的应用和解释会出现不同的变数，随时斟酌，认真权衡，不变的

---

① 和鲁公凝，梁贞明三年薛廷下第十三人及第。后唐长兴四年，知贡举，独爱范鲁公质程文，语范曰：“君文合在第一，暂屈居第十三人，用传老夫衣钵。”时以为荣。其后相继为相。当时有赠诗者曰：“从此庙堂添故事，登庸衣钵尽相传。”——（宋）王辟之：《渑水燕谈录》卷六

就是经，变化的就是权。但这种变数、变化却不能丧失理的根本宗旨。

简言之，康熙的观点就是传统的“反经”必须“合道”“合理”。从权不能违背“经”所确立的基本价值立场和行为规范，朱熹称之为“权不可离经”。通俗点说，原则是经，例外是权。不能执一而论，要允许有例外，但这例外又不能背离原则本身。

古人为了确保血缘正统，特别强调清白女儿身。为此，很多家法都制定了相同的规则：比如禁止少女们外出交往，一旦定下婆家，未过门之前，不能擅自到未来的婆家走动，否则就是违礼。更不能因为官司被官府传唤，抛头露面，丢人现眼。

一般情形下，遵守这些礼法没什么问题，但到了紧要关头，就全靠当事人自己衡量取舍。纪晓岚堂兄的女儿叫玉姑，长得清纯，和谢家订婚，算是名花有主。但一个无赖子弟却恋上玉姑，死缠烂打，被玉姑严词拒绝后就编造绯闻，传播流言。谢家一听未过门的儿媳人品如此，马上要解除婚约，纪家坚决不同意。谢家告上法庭，要经官退婚。按照法律程序，为了自证清白，玉姑要亲自上法庭，自行陈诉并接受官方选定妇女做处女鉴定。但走上法庭，接受鉴定，本身就是耻辱，更何况这种事百口莫辩。两难之间，玉姑为自证清白，自杀身亡。

侄女的惨死，纪晓岚痛心痛惜。他认为，玉姑为保全名节自杀，固然是贞烈的行为，是从经，应当立碑旌表。但付出生命的代价，又可怜可悲。要是自己在家里，哪会有这样的悲剧！要知道，那个时代，订婚的少女被泼污水，夫家诉官退婚，终生蒙受侮辱不说，没有任何一户人家愿意订婚，只好一辈子背负污名。除了自杀还有良策吗？

我们都知道，纪晓岚够聪明，有智慧，他会想到什么样的高招避免侄女儿的悲剧？

纪晓岚举了焦玉娥的例子。焦玉娥是一个贫困人家的女儿，秀外慧中。她遭遇了玉姑的一切，官府发牒强制要求她到庭应诉。不去，背一辈子污名，名节婚姻都没了；去了，不管结果怎么样，都得出丑露乖。怎么办？紧急时刻，焦玉娥让母亲陪着她，到了夫家，见到了未来的婆婆。大气磊落地说：女儿家守不守贞，这是很容易验明的事。我应诉到官，接受官媒鉴定，是丢丑；自己跑婆婆家来，也是丢丑。比较之下，我选择在婆婆家丢丑吧。经婆婆查验，焦玉娥还是白璧无瑕之身，婆婆很感动，立马请求撤诉。

表面上看，焦玉娥的行为有违礼的成分，但比出庭应诉的风险小多了，不仅保全了性命和声誉，还保全了婚姻。

这就是从权的价值和意义！换言之，纪晓岚的高招和自信，就是焦玉娥的从权应变，而不是玉姑的守经执一！

中国古代面临这样两难的选择太多，比如，忠与孝，情与义，情与法，一般可以据情依理做出判断和选择，但到了特殊时期甚至紧急关头，当事人就会面临严峻的考验。不仅考验人的品格，还考验着人的智慧。历代家法对此有何良策？其中的智慧对今天又有什么样的借鉴意义？

先看忠与孝。我们常说，“自古忠孝难两全”，这不是常态，常规情况下入孝出忠，是可以做到忠孝两全的。咸丰十年二月二十四日，曾国藩送给弟弟曾国沅一副对联，要求弟弟“入孝出忠，广大门第”——当时战火纷飞，但曾国藩还是教诲弟弟做到忠孝两全，不可偏废。在家里就要孝顺父母；离家出仕就要报效国家和君王。[①]

一旦忠孝不能两全的时候，应当怎样选择？古往今来，面临这种两难选择的人太多了。

很多人选择了忠。比如西汉时期的王陵，他和刘邦私交很好，率领自己的军队投奔了刘邦。后来他的母亲被项羽劫持，成了人质，项羽要王陵归顺自己，否则撕票。但王陵母亲怕儿子为难，伏剑自杀。人质自杀，项羽人没捞着，还丢了脸面，一气之下“烹陵母”。王陵发誓为母报仇，跟随汉王底定天下。[②]

王陵的选择实际上就是他母亲的选择。在生死之间，母亲选择了死亡，成全了儿子的功与名。后来王陵母子成为忠孝取舍的典范。东汉时期辽西太守赵苞派人接送老母妻子到任相聚，刚好碰上鲜卑人内侵，成了人质。两军对垒，鲜卑人推出赵苞的母亲，要他缴械投降。赵苞向母亲悲号：我做官就是想挣钱养家，让您过上好日子。哪知道今天反而害了你！但今天我是朝廷太守，只能保全忠义，不能投降。赵苞的母亲远远地告诉儿子：你不要因为我就抛弃忠义。人各有命，我学王陵的母亲，你做你自己该做的事。于是赵苞含泪发动进攻，打败了鲜卑人。但他的母亲和妻子被残酷杀害。

后来，赵苞埋葬了母亲和妻子，汉灵帝亲自派使者吊唁并封他为侯。但赵苞良心难安，自己尽忠却害死了母亲，严重背离了

①《曾国藩家书》咸丰十年二月二十四日书赠曾国沅：“入孝出忠，光大门第；亲师取友，教育后昆。”

② 王陵者，故沛人，始为县豪，高祖微时，兄事陵。陵少文，任气，好直言。及高祖起沛，入至咸阳，陵亦自聚党数千人，居南阳，不肯从沛公。及汉王之还攻项籍，陵乃以兵属汉。项羽取陵母置军中，陵使至，则东乡坐陵母，欲以招陵。陵母既私送使者，泣曰：“为老妾语陵，谨事汉王。汉王，长者也，无以老妾故，持二心。妾以死送使者。”遂伏剑而死。项王怒，烹陵母。陵卒从汉王定天下。——《史记·陈丞相世家》

孝道，活生生气得吐血而死！[①]

还有人选择孝。典型的就是三国时期的徐庶，今天的歇后语“徐庶进曹营——一言不发”，还有一个成语“方寸大乱”讲的都是徐庶救母的事。[②]徐庶跟随刘备，但他的母亲被曹操抓住成了人质！徐庶告诉刘备说，我本想陪你共创大业，但老母亲被抓了，方寸大乱，难以再给你出谋划策，请允许我离开。刘备万不得已答应了。徐庶就这样进了曹营。曹操大喜过望。但从此以后，徐庶除了侍奉母亲，一言不发。在成就孝义之道的基础上，最大限度保全了忠义。

有的人想忠孝两全，犹豫延宕，结果忠孝两失。典型的例子是吴三桂。李自成占领北京，胁迫吴三桂父亲吴襄担任伪职，以此要挟吴三桂。吴三桂军事上面临两难处境：前有李自成，后有多尔衮。情感上也是两难：一方面是对父亲的孝道，另一方面是对国家的忠义。只能二选一。但这两难之外还有一个起决定性因素的变量：他的爱妾陈圆圆被控制在李自成手里。无数次挣扎后，他选择归降李自成。奔降途中，他知道父亲被关押，爱妾陈圆圆被霸占，最后才冲冠一怒，恳请清军入关“报君父之仇”。这样一来，忠没了，孝也没了，历史的聚光灯全部照向了他对爱

---

① 熹平四年（175 年），辽西太守甘陵赵苞到官，遣使迎母及妻子，垂当到郡，道经柳城，值鲜卑万余人入塞寇钞，苞母及妻子遂为所劫质，载以击郡。苞率骑二万与贼对陈，贼出母以示苞，苞悲号，谓母曰：“为子无状，欲以微禄奉养朝夕，不图为母作祸，昔为母子，今为王臣，义不得顾私恩，毁忠节，唯当万死，无以塞罪。”母遥谓曰：“威豪，人各有命，何得相顾以亏忠义，尔其勉之！”苞即时进战，贼悉摧破，其母妻皆为所害。苞自上归葬，帝遣使吊慰，封鄃侯。苞葬讫，谓乡人曰：“食禄而避难，非忠也；杀母以全义，非孝也。如是，有何面目立于天下！”遂欧血而死。——《后汉书·独行列传》

② 先主在樊闻之，率其众南行，亮与徐庶并从，为曹公所追破，获庶母。庶辞先主而指其心曰：“本欲与将军共图王霸之业者，以此方寸之地也。今已失老母，方寸乱矣，无益于事，请从此别。”遂诣曹公。——《三国志·诸葛亮传》

妾的极度爱恋和引狼入室，人性的阴暗陡增，将他隐入历史的晦暗尘埃，成为不忠不孝的反派经典。

孝让位于忠实际上反映的是家与国两者之间相互依存的关系。国家是保护家庭、家族的最有效、最有力手段，如果国家败亡，家也必然残破凋零。

1937 年，抗战军兴，四川绵阳安县的小学教员王建堂组建“安县特征义勇队”，请缨杀敌。临出发前，他的父亲王者诚寄给他一面白色旗帜，展开后当中是一个斗大的“死”字。王者诚在旗帜的右边写下了两行大字：“我不愿你在我近前尽孝，只愿你在民族分上尽忠。”

这就是感动全国的“死字旗”，成为川军抗日的辉煌篇章。王建堂遵循父志，投身川军四十四军，无数次背负死字旗充当敢死队队长，冲锋陷阵。

但另外我们还必须注意，国由无数的家族、家庭构成，是一个政治、道德、法律共同体，只要没到杀身成仁、舍生取义的关头，维系孝道的本质就是维护国家的稳定秩序和良善道德。

明末清初的史大成，浙江鄞（yín）州人，是清朝顺治十二年的状元。按照当时的规定，在京为官的人必须等六年一次的“京察”结束后才能回家省亲。那时候通信不发达。史大成是长子，老父亲思念儿子，就让画师画了一幅肖像托人带给史大成，要史大成画一张自己的肖像寄回家。

史大成看到父亲的画像，想到老父亲体弱多病，悲从中来，神色仓皇，晨夕难安。上书请求顺治皇帝破例允许自己回家探望父母，奏章写得哀婉动人，其中有一句话：“不可以为人子，亦何以为人臣！”——如果一个人连儿子都当不好，怎么能当好臣子？顺治皇帝看得泪眼婆娑（pó suō），特许他归乡省亲。为照顾孝道亲情，又颁诏将京察改为三年一考。

史大成回家奉养双亲，一待就是十年。父亲去世后，守制三年，又以母亲老病为由，上书请求居家伺候。哪知道，有人举报说，他母亲神清目朗，身体健旺，史大成欺謾朝廷。朝廷不断催促史大成归班就位，但他认为："岂能以一官之职而易一日之养乎！"——奉养老母亲，养一天就是尽一天的孝道，岂能因为一个官位来换取对老母亲一天的孝敬？

屡招不返，朝廷只好将他削职。史大成不以为意，乐心滔滔。后来，康熙一朝，有感于他的孝义，史大成再次出仕，担任礼部侍郎。

那时候朝廷对节妇孝子都有生活补贴，每月每年奖励一定的钱粮。有一次，有官员上奏康熙皇帝说，孝子尽孝，节妇守贞是本分，国家没有必要进行补贴。史大成特别气愤，立即反驳：

为子不孝，为妇不节，亦何与朝廷，必以法绳之耶？——（清）王晫：《今世说》卷二

按照这说法，当儿子的不孝顺父母，当妇女的不守贞守节，跟朝廷有什么关系？凭什么国家非要把这些人绳之以法？[①]

康熙对史大成的观点大加赞赏，特令保证对孝子节妇的物质奖励，不得减损。

史大成的观点很简单：家国一体，无家无以成国；忠孝一体，不孝必然不忠。

除了忠与孝的两难外，还有情与义的两难。春秋时期，郑国有个政治家叫祭仲，他辅佐郑庄公，先后扶持庄公的四个儿子分别上

---

① 史立庵为少宗伯时，同官议裁孝子节妇廪给，曰："彼自分内事，何与朝廷？"史曰："为子不孝，为妇不节，亦何与朝廷，必以法绳之耶？议遂寝。"——（清）王晫：《今世说》卷二

位成为国君。郑厉公继任后，发现祭仲专权，于是派遣了一个杀手暗杀祭仲。这杀手是谁呢？祭仲的女婿雍纠。派女婿杀岳父，这创意够奇葩的。更奇葩的是，雍杀手设计在郊外设宴，一举杀死岳父向国王效忠报功，还把谋杀计划有意无意地透露给夫人雍姬。

雍姬纠结了：这场政治谋杀，一方是同床共枕的丈夫；另一方是生养自己的父亲，到底该保护谁呢？想来想去，理不清头绪，回了一趟娘家，问了母亲一个问题：

对一个女人来说，是老爹重要还是老公重要？

母亲的回答干脆利落：对一个女人来说，人尽可夫——天下男人都可能成为你的老公，但老爹永远只有一个。老公哪能和老爹比？

于是雍姬找到老爹，告发了老公。祭仲先发制人，立即杀掉了女婿。

母亲训诲女儿的理由很清楚：妻子对丈夫，最多是忠贞服从，但对父亲却是孝道感恩。比较之下，父女人伦是经，夫妻人伦就是权。丈夫可以因为感情不和而离开，父亲却是一辈子的情感归属和伦理原点。更何况，如果丈夫要杀自己的父亲，情义双绝，这时候，做女儿的只能站在父亲一边！

还有一对两难关系是情与法。武则天时期，下邽（guī）县尉赵师韫，他杀掉了一个叫徐爽的人。后来徐爽的儿子徐元庆为父报仇，手刃赵师韫后自动投案。

法官们为难了：这人到底是孝子还是凶手？是孝子，就应当无罪释放还要依法表彰；是凶手，杀人偿命，就得明正典刑。这难题层层上报，到了武则天那里。

武则天更为难，苦思冥想，找不到答案。后来大诗人陈子昂提了个建议：先杀掉凶手，维护法律的权威；再表彰孝子，维护基本人伦。陈大诗人还主张，以后同类的案子都照此办理。[①]武则天觉得这主意好，同意了。

陈子昂的解决方案开启了千年争端，到今天都还有讨论的价值：国法与人伦，孰轻孰重？二者何为经，何为权？这问题今天看起来好解决，但在古代法制背景下和法理学上，真有点让人纠结。

忠孝、情义、情法，这些两难选择挑战着传统的经权理论，也展示了家法与国法的矛盾与冲突。那么，中国家法在经权两难选择中持有什么样的价值立场？与今天的法治理念是否相悖？是否有利于现代社会的家庭治理和社会治理？

① 臣伏见天后时，有同州下邽人徐元庆者，父爽为县尉赵师韫所杀，卒能手刃父仇，束身归罪。议曰：先王立礼，所以进人也；明罚，所以齐政也。夫枕干雠敌，人子之义；诛罪禁乱，王政之纲。然则无义不可以训人，乱纲不可以明法。故圣人修礼理内，饬法防外，使夫守法者不以礼废刑，居礼者不以法伤义；然后暴乱不作，廉耻以兴，天下所以直道而行也。然按之国章，杀人者死，则国家画一之法也。法之不二，元庆宜伏辜。又按《礼》经，父雠不同天，亦国家劝人之教也。教之不苟，元庆不宜诛。然臣闻在古，刑之所生，本以遏乱。仁之所利，盖以崇德。今元庆报父之仇，意非乱也；行子之道，义能仁也。仁而无利，与乱同诛，是曰能刑，未可以训。元庆之可宥，显于此矣。然而邪由正生，理必乱作。昔礼防至密，其弊不胜；先王所以明刑，本实由此。今傥义元庆之节，废国之刑，将为后图，政必多难；则元庆之罪，不可废也。何者？人必有子，子必有亲，亲亲相雠，其乱谁救？故圣人作始，必图其终，非一朝一夕之故，所以全其政也。故曰："信人之义，其政不行。"且夫以私义而害公法，仁者不为；以公法而徇私节，王道不设。元庆之所以仁高振古，义伏当时，以其能忘生而及于德也。今若释元庆之罪以利其生，是夺其德而亏其义；非所谓杀身成仁，全死无生之节也。如臣等所见，谓宜正国之法，置之以刑，然后旌其闾墓，嘉其徽烈，可使天下直道而行。编之于令，永为国典。谨议。——陈子昂：《复仇议状》

经权（下）

上一讲我们讲了经权关系的适用空间和条件。那么，为什么要从权？历代家法如何对守经和从权进行定性、定位？

我们说过，守经是因为经代表了恒常的道理、规律，但经并不必然就具有至上性、唯一性。无论是个体价值选择的多样性，还是客观情势的多变性，都决定了凡事不可能“执一而守”，而应当懂权变。今天汉语词汇中的“权衡利弊”“斟酌得失”“拿捏分寸”等，说明了在经与权之间选择的艰难，也说明了从权的必要性。比如，战场瞬息万变，只能因时制宜、因地制宜，所以哪怕绝对忠诚的将军也会对遥控的皇帝说声抱歉——“将在外君命有所不受”。再如，当爹的暴跳如雷，拿着大棍子，要揍儿子，当儿子的想，我要孝顺，跑了、躲了都是不孝，都不是男子汉，挺着吧，大不了打死。要真是打死、打残了，儿子就是陷父亲于不义，当爹的终生后悔不说，还得承担刑事责任，这反倒成了最大的不孝。所以，孔子早就料到家暴的极端后果，反对愚孝。他的应对策略很简单：小杖则受，大杖则走——小棍子就忍着，大棍子来了，赶紧撒腿开溜，别那么死心眼儿。

简单归纳，从权的作用就两方面：应时变，补不足。

所谓应时变，是指经的价值立场虽然没有发生变化，但其适应空间、条件、方式却会随着时代而变化。比如守贞，到今天道德和法律都还强调夫妻之间的忠贞义务，这是人类社会发展的必要规范，是人伦的核心价值，否则人类就会重返丛林，退化变质。毕竟到了21世纪，不能拿着一些古礼古法来约束现代人。比如浦江郑氏家族为了严守男女大防，严格限制女性晚上的活动时间和区域，规定没有特别理由不能出中门；有特殊事情要出门，也必须点亮蜡烛，堂堂正正地走，严禁在黑夜中穿梭往来，行如鬼魅，吓人不说，还可能招来不测的风险。[①]换作现在，忠贞义务本质没变，但要不让女性晚上出门逛街溜达，她不仅骂你封建，还会告你限制自由，侵犯人权。

所谓补不足，是指“经”虽然具有高度抽象性和普适性，但无论是在逻辑上、抑或是经验上都可能存在漏洞，不可能面面俱到，如果执一而守，反倒会产生巨大危害。如果从权处理，不仅可以有效合理地解决问题，还能够丰富“经”的内涵和外延，使其保有鲜活的生命力。

比如宋代的袁家在《袁氏世范》中特别规定：凡是买卖女仆和小妾，一定要问清楚来历再订合同，交价款，以防良家子弟被抢掠诱拐卖为婢妾，惹上官司。这些在一般家法中都是基本规范，是常识。但袁家最大的不同就在于：一旦知道了所买的婢妾是被人贩子掠卖的女性，绝对不会将人退回中间人或出卖人，而是立即报官，把人交给官府。[②]

买了东西，发现不合格就退“货”，要求返还“货款”，这是经、是常，也是理、是法。袁家为什么会突然在家法中如此规定？理由很感人：如果将这些无辜的女孩返还给中间人或人贩子集团，他们往往会杀掉这些女孩！为什么？降低犯罪风险，担心暴露行踪，怕被一网打尽。

---

①《郑氏规范》第一百四十六条：“诸妇无故不出中门，夜行以烛，无烛则止。”

②《袁氏世范》：“买婢妾既已成契，不可不细询其所自来。恐有良人子女，为人所诱略。果然，则即告之，不可以婢妾还与引来之人，虑残其性命也。”

袁家将此条写进家法，固然有防范家族风险的成分，但一反所谓的交易常规，以保全弱势群体生命为重，如此仁心义行，实属难得。

我们讲了从权的重要性，但如何把握从权的选择标准和尺度？我们通过以下几对关系来解读历代家法的具体规范，探明其合理的辩证思维和可贵的智慧光点。

第一对关系，刚与柔。左宗棠是晚清名臣，《清史》本传评价他有“霸才”，他自己评价“气质粗驳”，也就是性刚气烈，直来直去，不拐弯抹角，不看人脸色，不给人情面。他给儿子写信说：

丈夫事业，非刚莫济。所谓刚者，非气矜之谓，色厉之谓。任人所不能任，为人所不能为，忍人所不能忍。——（清）《左宗棠家书》

男子汉要想成就一番大事业，必须要有一股刚气。所谓刚，不是见人就摆出一副臭面孔，老子天下第一；也不是声色俱厉，张开嘴巴骂人骂世。而是有担当，有勇气，有毅力，有魄力，别人不能担当的，我担；别人做不了，我做；别人忍不下，我忍！

左宗棠所谓的刚气，很接近孟子的“浩然之气”。正是凭借这种理念，他昼夜辛劳，安邦定国；正是凭借这种气质，他力主收复新疆，抬着棺材行军打仗，辗转于荒滩大漠，收复了万里江山！

但性气过刚，待人处世就少了一份温情和优容，他和曾国藩交情由浓而淡、由亲而疏，就和他瞧不起曾国藩太柔的性情有关，认为是温吞水，难断大事。曾、左交恶，成为晚清官场的一大憾事。

那么在刚柔之间，历代家法如何定位？总体说是四个字：刚柔相济。具体说就两大原则：刚而有度，柔不失义。

先看刚而有度。面对大是大非问题，必须守经，不能从权。唐太宗时期的王义方，为人直率，出口无忌。宰相魏征很欣赏他的才气风骨，随时劝诫他，不要太刚太直，还想把夫人的侄女嫁给他，他严词拒绝。等魏征死了，他又跑上门主动提亲，结成婚姻。别人问他，你这是折腾得哪一出啊？他说：当初不答应，是不想阿附宰相；现在提亲，是要感谢宰相的知遇之恩。[①] 后来李义府担任宰相，柔佞无道，身为御史的王义方想弹劾，但又考虑到母亲年老。于是在为国尽忠和为母尽孝两方面犹豫，他母亲明确告诉他：忠贞除奸大过明哲保身，即便自己受到牵累，也在所不惜。王义方毅然上书，孤胆一人弹劾宰相。后来被贬莱州，任期满了朝廷只派了接任的人来，却没说他今后该怎么办。于是只好授徒为生，隐居终世。虽然半生潦倒，但最终青史留名。[②]

但如果不是大是大非问题，那就得刚柔相济。晚清名臣彭玉麟教育儿子说：

近来入世稍深，觉天地间刚柔不可偏废：太刚则易折，太柔则易靡。——（清）彭玉麟：《家书》

---

①《新唐书·王义方传》："魏征异之，欲妻以夫人之侄，辞不取。俄而征薨，乃娶。人问其然，曰：'初不附宰相，今感知己故也。'"

② 显庆元年，擢侍御史，不再旬，会李义府纵大理囚妇淳于，迫其丞毕正义缢死，无敢白其奸。义方自以兴县属，不三时拜御史，且疾当世附离匪人以欺朝廷，内决劾奏，意必得罪，即问计于母。母曰："昔王母伏剑，成陵之谊。汝能尽忠，吾愿之，死不恨。"义方即上言："天子置公卿大夫士，欲水火相济，盐梅相成，不得独是独非也。昔尧失之四凶，汉高祖失之陈豨，光武失之逢萌，魏武失之张邈。彼圣杰之主，然皆失于前而得于后。今陛下抚万邦而有之，蛮区夷落，罪无逃罚，况辇毂下奸臣肆虐乎？杀人灭口，此生杀之柄，不自主出，而下移佞臣，履霜坚冰，弥不可长。请下有司杂治正义死状。"即具法冠对仗，叱义府下，跪读所言。帝方安义府狡佞，恨义方以孤士触宰相，贬莱州司户参军。岁终不复调，往客昌乐，聚徒教授。母丧，隐居不出。卒，年五十五。——《新唐书·王义方传》

近年来稍稍知道了一些人情世故，发现为人处世刚柔两方面都不可偏废。性气过刚，容易招来祸患，危及身家；过柔，则会随波逐流，丧失原则。

彭玉麟的意思是，刚而有度，不得刚愎自用，不得苛暴待人。包拯是中国清官的经典标本，为人刚严，为官清正。下属汇报工作、提出建议的时候，如果他认为不当，就会当场发飙，甚至侮辱人格。但他要是认为下属是对的，就会立刻赔礼道歉，欣然而从。所以司马光评价他“刚而不愎”，人所难能！①

再看柔不失义。为人处世，言语尽可柔和，态度尽可恭顺，但必须要坚持原则和底线，要是一味和光同尘，最后必然是同流合污，变成柔佞小人。这就好比太极拳中的阴柔之道，看似绵软无力，实则自挟罡气，劲道无比。

宋仁宗康定元年，大将刘平帅军对抗西夏军队，作为监军的太监黄德和率部临阵脱逃，宋军大败。后来追究责任，很多大臣认为，太监监军制约了主帅，应当废掉监军制度。宋仁宗举棋不定，就问宰相吕夷简当废不当废。吕夷简深知利害，小心建议：废倒不必废，但一定要找行事谨慎周密又赤诚忠心的太监来担任监军。宋仁宗很高兴，委托吕宰相选拔宦官监军。吕宰相一推一拉，玩起了太极推手，宰相依法不得与内廷的宦官来往，谁合适，谁不合适，我哪清楚啊？这是推，自己置身事外。他建议由都知和押班，也就是内廷宦官负责军事的人联名保举，有功一起赏，有罪一起罚。这是拉，把宦官高层拉进漩涡中心。仁宗皇帝一听，有道理，就这么办。

---

① 司马光《涑水记闻》卷九：“拯为长吏，僚佐有所关白，喜面折辱人，然其所言若中于理，亦幡然从之。刚而不愎，此人所难也。”

哪知第二天负责军事的宦官就跪在朝堂上，叩头礼拜，亲自提出建议，坚决要求废除监军制度。①

吕夷简这一招阴柔至极。既坚持了原则，废除了监军；又远离祸患，不得罪宦官。

《宋史》评价吕夷简“多机巧、善应变”。他知道太监监军的弊端危害，但他更知道，即便身为宰相，也得罪不起太监。在国家安危和个人安危之间如何选择？吕夷简没有王义方和包拯的刚肠傲骨，但他深知柔弱胜刚强的道家智慧，一推一拉之间，就完成了看起来不可完成的大事，借力打力，逼迫宦官出面请求废除监军，守原则，懂策略，是柔不失义的典范。

南宋的王称认为吕夷简、吕公著父子，一个“任智”——有耍小聪明之嫌，一个“持正”——始终坚持原则不动摇，在个人人品上，儿子远远超过了父亲。②这评价对不对？观点正确，但很迂腐，只知道守经，不知道从权。所谓的巧慧、应变，在吕夷简时代是万不得已的选择：当时列强环伺，没人敢轻启战端。正是吕夷简这种柔不失义的人生哲学和处世原则，巩固了边防，迎来了和夏、辽等邻国谈判的资本，结盟缔约，平息干戈，为宋朝赢得了几十年和平发展的机遇。简言之，巧慧应变是从权，但绝不意味着背离原则。

就家族教育而论，包拯的家训以刚正为原则，算是一脉相

---

① 景佑末，西鄙用兵，大将刘平死之。议者以朝廷委宦者监军，主帅节制有不得专者，故平失利，诏诛监军黄德和。或请罢诸帅监军，仁宗以问宰臣吕文靖公，公曰：“不必罢，但择谨厚者为之。”仁宗委公择之，对曰：“臣待罪宰相，不当与中贵私交，何由知其贤否？愿诏都知、押班保举，有不称职者，与同罪。”仁宗从之。翌日，都知叩头乞罢诸监军宦官，士大夫嘉公之有谋。——司马光：《涑水记闻·辑佚》

②（南宋）王称《东都事略·卷八十七》：“以夷简为父，而公著为子，其谋谟事业有大过人者，盖夷简善任智，而公著则持正以成天下之务，贤于父远矣。”

承。吕夷简为人为政，阴柔自处，游刃有余，和平时代一旦来临，他就要求儿子吕公著持正守义，从权让位于守经。后来吕公著成为一代守成良相，与他父亲的施政理念和家教定位有着必然的关联。

第二对关系，宽与严。古代家法教育子孙，无论是治家训子，还是治国行政，都要坚持宽严相济的原则。品格大节，要严词训导，强力矫正；小过小失，善言劝诫，不要动辄就搞家暴。至于治国行政，古代家法最看重的视民如子，宽严得当。

比如宽仁执法。汉武帝晚年日渐昏庸，天下盗贼四起，于是听信谗言，依照战争时期的特别法令，派出大量的特别执法人员到地方稽查执法，称之为“绣衣御史”。这些人身穿华丽绣衣，手握生杀大权，动辄军法从事，天下震恐。有的御史为了立功，前后诛杀二千石以下的官民达两千多人。有一个叫王贺的人，心慈手软，巡视魏郡的时候，将那些可杀可不杀的人大量放掉，后来被举报免官。王贺自我调侃说：听说救命一千人，子孙就有封侯的机会，我的后代封侯该没问题吧。

这本是一句玩笑话，是对免官的一种自我嘲讽，后来却被当作善有善报的经典范本。为什么呢？因为王贺子孙中，果然有五人封侯。先是王贺的孙女王政君嫁给了汉元帝，这就是孝元皇后。王政君先当皇后，再当皇太后，历五任皇帝，直到新朝建立。但新朝建立，她一样是位高权重，因为新朝的皇帝王莽，是她的亲侄子。

王贺是不是积了阴德，子孙才得了福报？不是。是他行善积德、宽仁执法形成了良好的家风，儿孙们心地善良，待人宽厚，所以家道隆兴，荣华富贵，冠绝天下。

比如宽仁治狱。古代地方官权力极大，包揽了今天的行政权、检察权、审判权等各项权力。如果存心升官发财，那是指日可待，但由此就会铸成大量的冤假错案。所以，凡是世家子弟，父祖辈从小就会灌输给他们一种理念：以人为本，以仁为本，政简刑清，疑罪从无。

欧阳修的父亲欧阳观担任绵州推官的时候，主管司法。每次有死刑案件，他会不停斟酌，反复核对，判决书写得特别慎重。写好了，叹口气，撕掉重写。他夫人问他为什么这么慎重。欧阳观说：这是死刑案，我想找出证据和理由，保全人命，多救一个是一个。依法定罪，这是经，是理，是法；尽力救人生死之间，这是权，是情，是义。

欧阳修出生于四川绵阳，4 岁的时候父亲去世，只好随母清贫度日。他母亲看到欧阳修为人忠厚，勤学不辍，心中快慰，对他说：我不好说你这辈子一定会发达，但你继承了你爹的优良品格，欧阳家的仁厚家风算是后继有人了！后来欧阳修一举成名，被王安石赞誉为“器质深厚，知识高远”，成为一代儒宗，名垂千古。

第三对关系，直与隐。《增广贤文》有句话很有名：“逢人且说三分话，未可全抛一片心。”看似功利世俗，但确实反映了为人处世的复杂性、多变性。古代家法对此一般的原则是慎口谨言。比如曹魏时期的王昶教育子女“闻恶不言恶”，晋代的羊祜要求儿子闻人之过，“耳可得受，口不得宣”，两家的家法都是一个意思：对于他人的恶行丑闻，耳朵听没问题，但绝对不能当招风耳、漏风嘴，四处打听，随口传播，更不能加工渲染。

王、羊两家家法为什么会如此规定？两个原因：一是培育品格，二是全身免祸。如果今天说邻家小妾红杏出墙，明天说同事身上长了胎记，后天说上司醉酒出丑，不仅会败坏心志，还会招来祸患。

但如果面临的是大是大非，就不能再推崇沉默是金的法则，而应该仗义执言，甚至舍家救国，舍生取义。

褚渊是刘宋时期宋文帝刘义隆的女婿，又是托孤大臣，是当朝第一美男子，还是才子，个人品行极好。山阴公主百般诱惑、威胁姑父，他坚决不动心。但当萧道成意图代宋自立的关键时刻，唯有他能够抗衡。为了保全家口，他竟然保持沉默，刘宋失国覆亡，后来褚渊也成了有争议的历史人物，甚至被贴上奸邪卖国的标签。他的堂弟和儿子深以为耻，认为是家门不幸。

什么时候直言无隐，什么时候沉默是金？这需要判明形势，不可执一而论。

徐文远是隋唐时期著名的老师。为什么有名？因为他教的三个学生后来都成了名人。一个是李密，一个叫王世充，还有一个杨玄感。

《旧唐书》上说，徐老师为人方正纯厚，有儒者之风，这没错。但徐老师生逢乱世，绝对不是迂腐不堪的穷酸书生。他知道什么时候该守经，什么时候该从权。这不是贪生怕死，而是时代决定的应世方略。

隋末天下大乱，徐老师四处奔波逃命，后来被起义军抓住了，起义军头领居然是学生李密。徐老师毫不客气地坐上尊位，好好地教训了李密一番，告诫他不能学习王莽、董卓，李密恭恭敬敬地聆听教诲，不敢反驳。后来李密兵败如山倒，徐老师再次逃亡，不幸又被起义军抓住了，再一看头领，还是自己的学生——王世充。王世充见了老师准备下跪行礼，哪知道徐老师跪得比他还快。以后每次见了王世充，徐老师都恭恭敬敬地行参拜之礼。

后来有人问徐老师：两个都是你学生，为什么你见了李密，那么傲骄，见了王世充就那么恭顺？这不是前倨后恭吗？请你解释解释。

徐老师的理由是，虽然都是“叛军”首领，虽然都是我的学生，但李密是君子，我可以直口无隐，据理而教，想怎么说就怎么说；但王世充是小人，动辄杀掉亲朋故旧，要保住性命，只能从权！

后来，徐老师又被人抓了，献给大唐，唐高祖封他为男爵，封地在今天的东莞；高祖死后，他又成了唐太宗的座上宾。

再后来，徐老师的孙子徐有功恪守祖德祖训，执掌司法，为人方正，存心仁厚，成为武则天一朝与酷吏殊死相争的典范。

身处乱世的徐老师说出了直和隐的辩证关系：要相时而动，看人说话，不要只顾嘴皮子快活，死在小人手里，有什么意义？为什么不留下一身本事，为国效力呢？①

简单总结一下，经权关系反映了世情世态的瞬息变化，也考验着不同的人性底色，更显示了历代家法的理性认知和家教定位。即便到了 21 世纪的今天，经权关系传递的策略、品格、智慧仍然具有实效性和普适性，是我们治家、治国的弥足珍贵的宝藏。

---

① 徐文远，齐尚书令孝嗣之孙，江陵被虏至长安，家贫，无以自给。兄林，鬻书为事。文远每阅书肆，不避寒暑，遂通《五经》，尤精《左氏》。仕隋国子博士，越王侗以为祭酒。大业末，洛经饥馑，因出樵采，为李密所得。密即其门人也，令文远南面坐，率其徒属北面拜之。远谓密曰：“将军欲为伊、霍，继绝扶倾，鄙虽迟暮，犹愿尽力。若为莽、卓，迫险乘危，老夫耄矣，无能为也。”密谢曰：“敬闻命矣。”密败，归王充。充亦曾受业，见之大悦，给其廪食。文远每见充，必尽敬拜之。或问曰：“闻君倨见李密，而敬王公，何也？”答曰：“李密君子，能受郦生之揖；王公小人，有杀故人之义。相时而动，岂不然欤！”入朝，迁拜国子博士，甚为太宗所重。孙有功，为司刑卿，持法宽平，天下赖之。——（唐）刘肃：《大唐新语·劝励》卷十二

情理（上）

生活中我们经常碰到一些两难的选择。比如恋爱中就有一个经典桥段。小女生一般会问小男生三个问题。第一，爱有多深？这问题不是问题。脉脉含情的一段呆望，出其不意的一束玫瑰，情人节的一盒巧克力都能解决。当然，最好是钻戒，钻石恒久远，一颗永流传。第二个问题，爱有多久？这问题也还好解决，最佳方式就是单膝跪地，对天发誓，地久天长，海枯石烂，说得越多越顺溜，女朋友越高兴。第三个问题，经典而永恒，我和你妈同时掉水里，你先救谁？

一听这问题，小男生们都会一脸茫然加无辜。这问题没法回答，也不能回答。这是一个两难选择。

为什么是两难选择？从逻辑上讲，这只能是单选题，不是也不能是多选题。从价值上讲，遵守了逻辑就伤了感情，因为爱具有排他性，无论选择救谁都意味着要抛弃另一个。救妈还是救女朋友？年轻男孩稚嫩的小心灵无论如何承受不了如此的情感重负。

虽说是笑话，但在实际生活中，我们确实经常遭遇这样的两难困境。比如情和理。所谓情，是指有生命有智慧动物的心理反应，对母亲的爱戴之情，对女友的爱恋之情；所谓理，是指为公众所认可并奉行的行为法则。比如对母亲的伦理救护义务，对女友的道德救助义务。情理融合，是合情合理。要是情理不协，发生冲突，两难选择就出现了。

为什么会冲突？这是一个相当复杂的问题，估计再辩论一千年都很难有结果。但总的来说，情是人行为的内在动力，理是情的升华，是过滤情感后的理性判断和行为规范。情理之间，如果缺乏情，所谓的理就成了无本之木，无源之水；如果缺乏理性的价值判断和行为规范，人的行为就如荒江，无堤岸约束，泛滥无边，如野草，无绳杆牵引，斜七歪八。

这个笑话涉及了基本人伦和人的理性选择问题。除非增加变量和附加条件，很难有统一的结论。比如，老妈先练成游泳高手，提前告诉儿子：我会游泳，你那小女生如果问起来，就说先救她。但在没有变量或附加条件的情况下，传统家法对于情理的关系如何定位？又如何通过特有的行为规范寻求情理相协？

北宋初年，洛阳有个人叫安鸿渐，是天下知名的大才子。这人名气大，脾气也大，名士风流大不拘，内心可能没什么恶意，但说出来的话，做出来的事往往违背情理，让人难以忍受甚至记恨终身。

安大才子生性幽默风趣，喜欢开玩笑，这本是好事。但玩笑如果尺度过大，情绪过头，就会陷入轻薄一途。安鸿渐才高嘴贱，哪怕涉及最基本人伦，他也搞笑搞怪。老岳父去世，办丧事的时候，他嚎得惊天动地，就是没一滴眼泪。强势彪悍的夫人很不高兴，就责骂说，我爹死了，那么多人看着，你这当女婿的就真的没几滴眼泪？骂完了，安排任务，明天出丧，客人最多，你必须要真心地哭，狠狠地哭，还要哭出眼泪！

安大才子有才气，有脾气，但在老婆大人面前只有低声下气，吞声忍气。但没有眼泪怎么办？那时候可没有现代演员常用的风油精和催泪剂。才子就是才子，有的是智慧。出丧的时候，他把孝帕放在水里一搅和，戴在额头上。司仪一声吆喝，他就拼命磕头，挤压孝帕里的水分，加上几声干号，龇牙咧嘴，抬起头来，果然“泪”流满面。

但这表演秀被精明的夫人识破了。悄悄责骂：泪都是从眼里出来的，怎么会从额头上流下来？

纸捅破了。大才子不惊不怵（chù），回答说：夫人难道不知道吗？古人都说“水出高原”！夫妻一问一答，引来哄堂大笑，严肃的丧礼变得荒诞无比。

安鸿渐的行为显示了小聪明，却违背情理，轻薄之名和他的才名一样远播天下。对家庭伦理如此淡薄，对外人就更不客气，甚至不顾及别人父子人伦，肆意嘲讽。有位姓凌的人，是个杂役，生了个儿子，毕恭毕敬地请安大才子赐名。大才子不假思索就说：就叫“教之”吧，典故在《尚书》里。这人不知道被骂，就算知道挨骂也不知道为什么挨骂，怎么挨的骂，带着孩子千恩万谢地走了。原来，那时候老百姓管杂役叫“所由”，安鸿渐掉书袋，暗中讥讽凌家出身低微，还希求美名。①

这种违背情理的事情做多了，安鸿渐的人缘自然好不到哪去，仕途也磕磕碰碰，到了老年才做了一个九品芝麻官，担任教坊的判官，主抓通俗音乐的搜集、整理和演出。但他的顶头上司，年纪轻轻的宣徽院判官凌策对他却很糟糕，动不动就打压讽刺挖苦。

安大才子很郁闷。一打听，心凉透了，连骂自己活该。不用说，凌策就是他取名“教之”的那个小男孩。他知道安鸿渐为什么讽刺他爹，怎么侮辱他本人。当然，他也知道怎么报复这个轻薄文人，虽然他已经垂垂老矣，但想当初，人生最怕想当初，他

①《尚书·学记》：“君子既知教之所由兴，又知教之所由废，然后可以为人师也。”

伤人实在太重。[1]

出来乱混，迟早是要还的，这话古今通用。

正史没有记载安鸿渐的生平事迹，但从他的言行举止和零星的笔记史料可以推定，他家的家教、家风确实不怎么样。一个人有点小才就傲视天下，肆意嘲讽，伤于情，害于理，落魄江湖，无所作为，那是必然。

有鉴于历史上这类失败的教训，历代家法在情理两方面都高度重视子孙教育，全方位规范子孙行为。我们从居家、应世、为政三个方面进行解读。

先说居家。我们常说，家是讲情的地方，不是讲理的地方。这话说对也对，说不对也不对。说对，是因为家是情义、情分的集聚地，如果出现纠纷，应当以情为上，相互包容、忍恕、谅解，以爱心化坚冰，而不能得理不饶人，非要分个是非对错。说不对，情到极点就是理，如果一方尽到了自己的人伦义务，忍无可忍，另一方还无理取闹，那就超过了有理让三分的边界。不能动之以情，那就只能晓之以理，由此讲理也就势在必行。

我们以几对关系为例，说明历代家法对情理的清醒认知和智慧策略。

---

① 李庆孙有文名，所谓洛阳才子安鸿渐，天下文章李庆孙。尝谒宋白，白不为礼，李曰："翰长所以得名者，以仙掌赋耳。以某观之，殊未佳。公赋云：旅鴈宵征，讶控弦于碧汉；行人早起，疑指路于云间，此乃拳头赋也。"白曰："君欲何云？"李曰："某一联云：赖是孤标，欲摩挲于霄汉，如其对峙，应抚笑于人寰。"白遂重之。庶斋老学丛谈安鸿渐有滑稽才，妇翁死，哭之，其孺人诟之曰："汝哭何得无泪，来日早临，定须见泪。"来日以巾湿纸，置于额，大叩其颡，妻窥之曰："泪出于眼，何故流额？"对曰："水出高原。"湘山野录安鸿渐滑稽轻薄，或传淩侍郎策世绪本微，其父曾为镇所由。侍郎方成童，父请安为立名，因名曰教之。盖谓所由生也。鸿渐老为教坊判，淩公判宣徽院，乐籍隶焉，亦微憾之。一日谓之曰："汝今世一祢衡尔，才虽不逮，偶免一烹焉。"——《玉壶清话》

第一对关系，父子之间。古人流行多子多福的价值追求，但多子未必多福，除去品行才能外，父亲是否能够平等对待每一个儿子也决定着一户人家的幸福甚至安危。

我们常说“皇帝爱长子，百姓爱幺儿”，固然有情的成分，但我们也不能忽略其中“理”的成分。看起来很功利，实际上很合理，是一种感情和利益的双重平衡。对皇室而言，太子是国本，依法要继位大统，治理国家；对百姓而言，依照习惯法，小儿子要承担照料年老父母生活起居的伦理义务。

但这种偏爱不能超越界限，否则会以情害理，严重伤害人伦，引发祸端。汉高祖刘邦英雄气壮，儿女情长。最喜欢的女人戚夫人生了个儿子，乖巧聪明，取名如意，封为赵王。疼爱幼子，这是人之常情，但刘邦显然爱过了头。他经常把如意抱在腿上，说要废掉现太子，立如意为太子。这就惹恼了一个人：吕太后。刘邦活着时，吕太后不敢轻举妄动。刘邦一死，吕太后就毒死赵王如意，将他母亲戚夫人砍掉四肢，挖出双眼，灌下哑药，扔进厕所，号称“人彘”。[①] 后来武则天用同样的手段处死了王皇后和萧淑妃，显然是拿吕太后作榜样。

这种惨无人道的行径为什么会发生？就是刘邦的偏爱过度引发吕后心态失衡。所以，颜之推在《颜氏家训》中谴责刘邦溺爱生害，切切告诫天下父母，对待孩子一定要公平施爱，不能区别对待，否则这种爱心最后会成为利器，杀死自己最喜爱的

① 太后遂断戚夫人手足，去眼，煇耳，饮瘖药，使居厕中，命曰“人彘”。居数日，乃召孝惠帝观人彘。孝惠见，问，乃知其戚夫人，乃大哭，因病，岁馀不能起。使人请太后曰：“此非人所为。臣为太后子，终不能治天下。”孝惠以此日饮为淫乐，不听政，故有病也。——《史记·吕太后本纪》

孩子！[①]

康熙朝宰相张英在《恒产琐言》中教导子弟们说：对待儿孙，要爱之以情，但必须持之以理，力求公平，不能偏私，更不能刻薄，否则受到歧视的孩子要么心理严重扭曲，终生走不出阴影；要么悍然残害骨肉，抢夺利益。[②]

第二对关系，父母之间。如果父母琴瑟和谐，婚姻美满，这是做子女的福分。要是父母闹得天怒人怨，非要分开，子女怎么办？还是那八个字：动之以情，晓之以理。尽最大努力让双亲团聚，以尽孝道。北宋宰相吕蒙正，他的父亲吕龟图和母亲性格不合，除了冷暴力，还经常有口舌之争。吕龟图一气之下把母子赶出家门。母子流落江湖，后来只好在龙门山凿龛而居，也就是在山崖上凿个洞窟栖身。九年来，吕蒙正寒窑苦读，后来一举成名，带着母亲拜访父亲。父亲虽然答应回家，但发誓不与夫人相见。吕蒙正也够聪明，在家里让父母分房而居，自己每天晨昏定省，恪尽孝道，如此弥缝亲情，也算得上是情理兼顾。[③]

吕蒙正不幸，他同时代的著名将领张永德更不幸。吕蒙正父母虽然别居，但老两口都发誓，一个不再娶，一个不再嫁。张永德他爹将他妈马氏休了，赶出家门，很快又娶了刘氏为妻。父亲在世的时候，张永德有心无力。后来父亲去世，张永德把亲妈接

①《颜氏家训·教子》："人之爱子，罕亦能均；自古及今，此弊多矣。贤俊者自可赏爱，顽鲁者亦当矜怜，有偏宠者，虽欲以厚之，更所以祸之。共叔之死，母实为之；赵王之戮，父实使之。刘表之倾宗覆族，袁绍之地裂兵亡，可为灵龟明鉴也。"

② 张英《恒产琐言》："视己无甚刻薄，后人当无悖出之患。己无大偏私，后人自无攘夺之患。己无甚贪婪，后人自当无荡尽之患。"

③《宋人轶事论编》："吕文穆公父龟图与其母不相能，并文穆逐之龙门山利涉院。僧识其为贵人，延致山间，为凿山岩为龛居之。文穆居其间九年。既登第，携其母以见龟图，虽许纳之，终不与相见。乃同堂异室而居。避暑录话琬琰集载公神道碑云：'父母以口舌相戾，遂异处。然情义内笃，交誓不复嫁娶。'"

回家。这下麻烦了：一个亲妈，一个后妈，怎么对待？论情，亲妈甚于后妈；论理，亲妈被休，无名无分。怎么办呢？张永德在情和理的天平上找到了一个平衡点：感情上都是妈，平等对待，这是情。名分上，后母是一家女主，管理家事。入宫觐见，由刘氏出面，这是理。后来刘氏去世后，张永德的亲妈才入宫觐见。

宋太宗知道张永德的尴尬和委屈，对他处理家事的原则也深加赞赏，为了宽慰张永德，封马氏为莒（jǔ）国夫人，表彰张永德情理两不亏的人伦大义。①

第三对关系，妯娌（zhóu lǐ）之间。“亲兄弟，仇妯娌”，这是中国家庭妯娌关系难处的经典写照。兄弟之间无论是情同手足，还是稍有误会，一旦说开，什么问题都没有。但妯娌之间，或者因性格不合，或因娘家地位悬殊，或因公婆偏听偏信，甚至因为穿戴稍有差异，就会产生误会，就会拉仇恨，搬是非，搞得一家势同水火。

对于这类关系，单纯依靠“不是一家人，不进一家门”的说教起不了多大的作用。换句话说，人伦之情并不足以感化妯娌和睦相处。对此，古代家法有何良策？除了美化人伦，以情动人外，很多家族还以理服人，最大程度消解妯娌之间的矛盾，促进家庭和谐。我们以浦江郑氏为例，在家法中明确了三大原则：

第一大原则，公平。公婆为一家内主，无论儿媳是官家千金，富家娇女，还是贫儒弱女，一进家门，一律平等对待，不能有厚薄之分。

---

①《燕翼贻谋录》：“张永德母马氏，为父所出。永德知邓州，于州廨作二堂，左继母刘氏居之，右马氏居之。不敢以出母加于继母，永德事二母如一。时大臣母妻，皆得入谒，刘氏存日，马氏不敢同入禁内。刘卒，马始得入谒。太宗劳问嘉叹，封莒国太夫人。”

第二大原则，公开。所有儿媳的权利义务在家法中规定的一清二楚，比如，所有儿媳都要学会养蚕、纺织、制衣等技能，每天到指定的地点共同纺织，量明尺寸，记录在案，形成公开的激励机制，革除自私之心，怠惰之情。

第三大原则，公正。所有儿媳及其子女的一切用度使唤，都由公堂统一购买，平均分配；所有儿媳十天一轮，负责全家饮食；所有亲戚来访，无论贫富，在郑家都享有平等待遇。

可以说，三公原则契合了情，更接近于理，即便按照今天的组织行为学理论衡量，其科学性、有效性都值得借鉴。

第四对关系，主仆之间。主人对仆人必须待之以情，训之以理。如不顾情理，必然引来祸患。陶渊明担任彭泽县令的时候，只身上任。想到儿子又要读书，又要劳作，就派了一个男仆给他。陶渊明给儿子写信，特别说明：

此亦人子也，可善遇之。——《南史·隐逸·陶潜传》

这人虽是仆从，但也是别人父母的孩子，你要好好善待他。

这类善待仆人的例子很多。比如明代隆庆年间担任过户部尚书的马森，是难得的好官，清官。这些好品格从哪儿来？他父亲马俊。马俊 40 岁才养了个儿子，孩子长到 4 岁，眉目如画，是典型的小清新，两口视若拱璧，宝贝得不得了。哪知道，有一天婢女不小心，孩子爬到高处玩耍，摔了下来，当场死亡。马俊悲痛异常，但还是让婢女赶快逃走，自己抱着孩子进去给夫人赔罪，说自己不小心，把孩子给摔死了。夫人痛苦悲号，用头一次又一次地撞马俊，四处找婢女，要打死她抵命。马俊一边哭，一边安抚夫人。

而在婢女家里，一家人也是痛哭流涕，既感伤主家儿子不幸，更感怀马俊的救命之恩，阖家烧香拜佛，乞求主家再生贵子。

第二年，夫妻俩又生下了个孩子，这就是马森。[①]

这事后来被写进《明史》。马俊在情理之间做出的选择，不仅显示了克制丧子之痛的毅力勇气，还显示了让婢女逃生的理性决断，以理屈情，算得上义薄云天。

马俊的行为不仅彰显了仁义，更体现了一种理性。试想，如果夫人盛气之下打死婢女，婢女的父母怎能甘心？不是报官就是复仇，马家从此可能就会陷入绝境。换句话说，马俊的仁厚宽恕既救了婢女，也救了自己一家。

相反，要是对仆从既少恩情，又违背道义，遭罪的可能就是自己一家人。清代乾隆一朝的名人纪晓岚，常年在外做官，他写信告诫夫人说：

家主对待仆役，示以严威，不如施以宽大。——（清）纪昀：《纪文达公遗集》

主人对待仆从，与其严加呵斥，痛加责罚，倒不如待以宽厚之心、宽大之策。为什么呢？纪晓岚从情理两方面开导夫人：以情而论，这些人虽然没多少文化，但也是天地生、父母养，可怜可悯；以理而论，这种人一旦遭遇不公，就会千方百计地进行报复。一时快意可能换来惊天大祸。

这个道理，纪晓岚给夫人讲明了。但他的妹妹对待婢女极为苛严，他写信劝诫说：

---

① 马森，字孔养，怀安人。父俊，晚得子，家人抱之坠，殒焉。俊绐其妻曰“我误也”，不之罪。史洁珵《德育古鉴》：司徒马森之父，年四十始得子。生四岁，眉目如画，夫妇宝若拱璧。一日，婢抱之出外，从高处失手跌下，伤左额而死。马公见之，即令婢奔匿，而自抱死儿人。曰：“吾自误跌死者。”妇惊痛，撞公倒者数次；索婢挞之，无有也。婢走母家，言其故。婢父母感泣，日夜吁天，愿公早生贵子。左年果生子。左额宛然赤痕，即司徒也。——《明史》

谁非人女？谁无父母？——（清）纪昀：《纪文达公遗集》

天下哪一个婢女不是父母长养的？天下婢女哪一个没有父母？

这两问，第一问是讲情：天下父母都爱子女，如果不是事出无奈，没人愿意让女儿给别人当婢女。第二问讲理：父母听说女儿受到虐待，心里服气吗？如果被人打伤打残打死，谁家父母不想报仇雪恨？

为了让妹妹高度重视，纪晓岚发挥讲故事的专长，讲了两个故事：一家富人将犯错的婢女捶楚炮（páo）烙（luò），体无完肤。后来婢女的父亲纠集群盗将主母抢掠远遁，算是一报还一报。另一家婢女犯了小错，大冬天被褫（chǐ）去衣服，锁进空房，当晚冻死。婢女父亲告官无果，手持利刃将主家母女双双杀死。

如果婢女没有父母，是不是就没法报仇了？纪晓岚举了自己身边的例子：有一天晚上北京前门外一家五口全部葬身火海，只有两个丧父的婢女逃了出来。后来才有人怀疑这是一起纵火案，两个奴婢无依无靠，主母性情残暴，所以纵火烧死主人全家，快意恩仇！

纪晓岚对妻子、对妹妹的劝诫可谓中情中理。所谓善有善报、恶有恶报，仅仅是结果论。但仔细思量，家庭生活中，如果违背情理，必然丧失善恶标准，人心的放纵和人性的幽光必然撕裂、遮蔽人与人之间应有的理解、信任，家也就不成其为家了。

居家要讲情理，那么走出家门，处世和做官讲不讲情理？历代家法又是如何以情理之道训导子弟应世、为政的呢？

情理（中）

上一讲我们从居家的层面梳理了情理之间的价值冲突和行为选择，但家是一个相对封闭的内群体，更多的空间属于家庭自决权，属于道德和伦理范畴，是以情动人的温馨场域，不能一味地去纠结死理。否则，价值立场一旦出现差异，就变成了“公说公有理，婆说婆有理”，此亦一是非，彼亦一是非，家庭也就成了辩论之所和是非之地。

家是温馨的港湾，可以不计较得失是非。一旦走出家门，步入社会，不是每个人都会像父母兄弟姐妹那样包容、宽恕、忍让，所以，在应世方面的情理标准和家庭的情理标准自然就有所不同。

当然，出门运气好，遇到通情达理的君子、善人、好人，不仅会很好安身立命，还可以学到很多处世技巧。这样的人有没有？肯定有。我们举两种人：心安理得的人和情理兼顾的人，这两类人都是良善之辈。

先看第一类人。什么叫“心安理得”？心安意味着知足知止，不贪恋，不执着，这样的人一般无违于情，无背于理。不会成天想着彩票中奖；不会牺牲人格，阿附求荣，力求官升一级；不会三更半夜数存折，自卑自怜一番，咬牙切齿，仇官仇富；更不会长就一双势利眼，嫌贫爱富，关键时刻还落井下石。

明代成化年间江西金溪有个儒生叫胡九韶。耕读传家，家里很穷，仅仅能够糊口度日。但胡九韶每天都会焚香叩拜，感谢老天赐予他一天“清福”。他夫人看他天天如此虔诚，忍不住笑话他，成天三顿都喝菜稀饭，连下饭菜都没有，你哪来的清福？

胡九韶正色答道，我生于太平之时，躲开了刀兵之祸，这是第一大幸；全家团聚，没有绫罗绸缎，山珍海味，但至少免于饥寒，这是第二大幸；我家床上没有病人，监狱里没有亲人，这是第三大幸。有这三大幸，不是清福又是什么呢？[①]

胡九韶的三大幸本质上就是人生只要不饥不寒，无灾无难，就应当感恩知足，安贫乐道。他最得意的两句话就是：

以仁义润身，以牙籤润屋，足矣。——（明）黄宗羲：《明儒学案》卷二《崇仁学案二》[②]

牙签，不是我们今天剔牙的小签，而是用牙骨之类做成的小牌，古人读书用来作标签、标识，相当于今天的分类书签，古代代指书籍。胡九韶的意思是，我衣衫褴褛，但仁义满身；家无余财，但诗书满屋，能过上这样的人生就很知足了。

胡九韶的观点是情理合一的典范，很通透，很智慧。不仅有君子般的温润如玉，还有圣贤般的超脱自在。所谓情，表现为对世俗情欲、情思、情分的简淡持守，没有变成伪道学，完全无视生存之需，人伦之情；所谓理，是在情之外寻取自身存在的永恒价值，心灵的解脱与超然，当然，作为儒学家，更多的是对知识、真理、道德的无限仰慕和追求。

---

① 胡九韶，江西金溪人，造诣洁修。家甚贫，课儿力耕，仅给衣食。每日晡时，焚香九顿首，谢天赐一日清福。妻笑曰：“一日三餐菜粥，何名清福？”九韶曰：“吾幸生太平之世，无兵祸。又幸一家骨肉不至饥寒。三幸榻无病人，狱无囚人。非清福而何？”——《德育古鉴》

② 黄宗羲《明儒学案》卷二《崇仁学案二》：“家世为农，至先生而窭甚，鹑衣脱粟，萧然有自得之色，曰：‘以仁义润身，以牙籤润屋，足矣。’成化甲辰三月十二日卒，年五十一。万历乙酉从祀孔庙。”

胡九韶成化年间去世，学界声望一直不减，后来被写进《明史·儒林传》。到了万历年间，他被请进孔庙，配祀孔子，声望达到顶峰。

但这些都是身外、身后的名。胡九韶最大的贡献在于，以自己深沉的智慧和简易的人生为后代子孙和弟子们树立了情理合一的典范。

再看第二类人，情理兼顾，知恩必报但又持守理性立场。这种人知恩感恩，懂得情义无价，但更知道理之所在，不会一味地还人情，不顾原则，不计利害。南宋著名理学家朱熹 14 岁时，父亲朱松去世。去世前将母子俩托付给好朋友刘子羽。刘子羽曾经担任沿江安抚使，为人仗义大气，很快为朱熹母子安排好了生活、学习各种细节，后来朱熹一路顺畅地参加科举，做官、治学，最终名满天下，成为大理学家。

朱熹做官、成名后，刘子羽已经去世，他的夫人卓夫人希望朱熹出面帮自己小儿子刘玶谋一个好差事。朱熹向来以亲爹亲妈的礼节尊崇刘子羽和卓夫人，刘家对自己又有再造之恩，于情于理，帮忙都是应该的。但朱熹深思熟虑之后，委婉地提出了自己的主张：找个差事没问题，但不能找好差事。为什么呢？小孩刚刚步入社会，最好从最低的职位干起，成天被人打骂差遣，这样才可以成就大事业。如果刚步入社会就占据好位置，一没经验，二没资历，三无才干，会成为别人进攻的靶子，反倒会害他一辈子！①

这不是变相推托，而是朱熹的一片苦心。他知道，刘玶生长

① 愚意以为可且为营一稍在人下职事，吃人打骂差遣，乃所以成就之。若必欲与求干官，乃是置之有过之地，误其终身。——（宋）罗大经：《鹤林玉露》甲编

在富贵厚实之家，步入社会就得个好职位，上上下下不是他爷、他爹的下属就是朋友，别人肯定会很好地关照着他，即便犯了什么错，上级不愿意提醒，下级又不敢批评。几年下来，刘玶眼中，除了最高长官，就会目中无人。本事没学到两样，但心高气傲，上级处不好，下级瞧不起，两边讨嫌。如果出错，那必然是大错特错，风险太大了。①

还人情是感恩，但人情之外，理性筹划，这就是理。可以说，朱熹这种报恩行为算是中情中理。既不会横遭非议，也不会引人注目，还可以有效培养刘玶的为政本领，可谓一举三得。

无论是胡九韶，还是朱熹，都是君子之人，遇见了是幸运。但更常见的情形是，儿孙步入社会，遭逢的都是一般人。历代家法对初出茅庐的孩子都特别交代，除了随时自省自励外，还要锻炼识人的功夫，防范一切可能的风险。如果所交匪类，弄不好被别人卖掉还会喜笑颜开地帮着数钱。

比如有利害关系的竞争对手对你好得异乎寻常，这既不合情，又不合理，揣度情理后，自己就要有一个清醒的认知。这类人我们一般称之为伪君子。看起来情比天高，理比海深，满口仁义，却一肚坏水。男性中很常见，女性中这样的人也不少。

有人说古代是一夫多妻制，实际上并不准确。按照古代法律，正妻有且只能有一位，妾可以有多个，所以正确的说法应当

---

① 罗大经《鹤林玉露》甲编："朱文公《与庆国卓夫人书》云：'闻尊意欲为五哥经营干官差遣，某切以为不可。人家子弟多因此坏却心性，盖其生长富贵，本不知艰难，一旦仕宦，便为此官，逐司只有使长一人可相拘辖，又多宽厚长者，不欲以法度见绳。上无职事了办之责，下无吏民窃伺之忧。而州县守令，执反出己下，可以陵轹。故后生子弟为此官者，无不傲慢纵恣，触事懵然。愚意以为可且为营一稍在人下职事、吃人打骂差遣，乃所以成就之。若必欲与求干官，乃是置之有过之地，误其终身。'"《朱文公全集》卷三七《与庆国卓夫人书》语词稍异，此处从罗说。

是“一妻多妾”制。男性世界争权夺利，伪君子往往是兵不血刃，害人于无形。在后宫，在家庭，小妾们为了争宠斗艳，也出现了很多“伪君子”，害死人不偿命，弄不好到死你还心存感激。这些妇女都是伪装高手，是宫闱斗争中的战斗机，强悍无比，要么有“隐形”功能，要么用迷惑战术。比如战国时期楚怀王的夫人郑袖。魏王为了讨好怀王，投其所好，奉上一位绝世美女，怀王满心欢喜地笑纳了，还宠擅专房。作为夫人的郑袖不仅不嫉妒，还不停地送时装，送首饰，送家具，送小装饰品，和新来的美人成了闺密级好友。怀王特别感动，逢人就夸赞夫人有度量，识大体，顾大局，可以直追孝子、忠臣。

但楚怀王忽略了一个最重要的细节：女人的本性。郑袖同样是妙龄美女，身处高位，怎么会如此刻意结欢新来乍到抢老公、分恩爱的美女？这不合情，更不合理。

赢得魏国美人的充分信任后，郑袖开始了计划。她语重心长地对闺密妹妹说，既然都是一家人，有些话还是给你说了好。大王很爱你美貌，但有一点，不太喜欢你的鼻子。当姐姐的给你建个议，也是为了你好，以后你见了大王，最好用手把鼻子掩一掩。

魏国美人感激涕零。切实遵行了闺密姐姐的建议，随时拿手遮住鼻子。楚怀王就奇怪了：好端端的，你动不动把鼻子遮起来是什么意思？这话不好当面问。于是，就问了闺密姐姐郑袖。郑闺密叹口气，以不愿说又不得不说的口吻泄密说，大王，她是嫌你身上有体臭！

楚怀王一怒之下，就割了魏国美人的鼻子！郑袖轻而易举打败了竞争对手，回收了专宠的宝座。[①]

五百年后，这种招数又一次上演，只是更加惨烈。[②]汉末枭雄袁术喜欢上了司隶冯方的女儿，娶回家，千宠百爱。袁术的其他姬妾合谋，不断劝说这位绝世小美女：长得漂亮是优势，保住地位是本事。大人最喜欢多愁善感、楚楚可怜的女人，你自己看着办。小冯美人没想到这些姐姐、阿姨、大婶这么好，于是见了袁术就是一副梨花带雨的扮相，让袁术又爱又怜。

小冯美人还没来得及感谢各位大姐大婶阿姨，就被这帮人残忍勒死，尸体被挂上厕所的大梁。袁术心急心痛，找不到原因。姬妾们又说，大人你自己要想开点，小冯是得了抑郁症，自杀也算是一种解脱。我们看着她一天哭哭啼啼的样子都感到心疼，这下大家都解脱了。

这件事没有其他原因可以解释，袁术只好厚葬了小冯美人。

这事不仅出现在西晋司马彪的《九州春秋》，还出现在更早

①《战国策·楚策四》：魏王遗楚王美人，楚王说之。夫人郑袖知王之说新人也，甚爱新人，衣服玩好，择其所喜而为之；宫室卧具，择其所善而为之。爱之甚于王。王曰："妇人所以事夫者，色也；而妒者，其情也。今郑袖知寡人之说新人也，其爱之甚于寡人，此孝子之所以事亲，忠臣之所以事君也！"郑袖知王以己为不妒也，因谓新人曰："王爱子美矣。虽然，恶子之鼻。子为见王，则必掩子鼻。"新人见王，因掩其鼻。王谓郑袖曰："夫新人见寡人，则掩其鼻，何也？"郑袖曰："妾知也。"王曰："虽恶必言之。"郑袖曰："其似恶闻君王之臭也。"王曰："悍哉！"令劓之，无使逆命。韩非子所载略异。《韩非子·内储说下第三十一》：荆王所爱妾有郑袖者。荆王新得美女，郑袖因教之曰："王甚喜人之掩口也，为近王，必掩口。"美女入见，近王，因掩口，王问其故，郑袖曰："此固言恶王之臭。"及王与郑袖、美女三人坐，袖因先诫御者曰："王适有言，必亟听从。"王言美女前，近王，甚数掩口，王悖然怒曰："劓之。"御因揄刀而劓美人。

②《九州春秋》：司隶冯方女，国色也，避乱扬州，术登城见而悦之，遂纳焉，甚爱幸。诸妇害其宠，语之曰："将军贵人有志节，当时时涕泣忧愁，必长见敬重。"冯氏以为然，后见术辄垂涕，术以有心志，益哀之。诸妇人因共绞杀，悬之厕梁，术诚以为不得志而死，乃厚加殡敛。

时期魏文帝曹丕的《内诫》中，真实性没问题。[1] 司马彪记载这事，是为了猎奇；曹丕记载下来，是用于规范宫廷后妃的行为。但后来无数的家法家教用这种极端事例警醒子孙，特别是女性子孙：江湖路滑，社会复杂。对竞争对手的好意迎合，一定要谨慎鉴别。标准就一个：是否合情合理！

伪君子难辨，真小人难缠。别人从不假惺惺地说要当君子，就心甘情愿当一小人。怎么对付这种人？动之以情？这类小人本无情；晓之以理？这种人不讲理，要讲也是歪理，辩论三天三夜，被他的歪理缠晕乎。

比如北宋初年的张洎（jì），安徽滁州人，从小机敏异常，文采斐（fěi）然，口才一流。这人不仅是个真小人，还算得上是极品小人。口说无凭，我举三个例子。

第一个，认亲悔亲。归顺北宋前，张洎是南唐的秀才，为了顺利考上举人，拼命找关系。后来，他发现张佖（bì）担任监察御史，位高权重。关键是他也姓张，于是翻族谱，排世系，论辈分，毕恭毕敬地把张佖称为表爷爷，自称表侄孙，拜见送礼，殷勤周到。张佖觉得这孙子还不错，很乐意帮忙，后来张洎成功中举。中举后他就变了。下次再见面，名片上变成了“表弟”，张佖也连降两辈，成了“表哥”。张佖能怎么样？只好叹口气，说自己瞎眼了。

凭着这种钻天入地的功夫，张洎很快得宠，在南唐后主李

① 曹丕《内诫》：司隶冯方女，国色也，世乱避地扬州，袁术登城，见而悦之，遂纳焉，甚爱幸之。诸妇害其宠，绐言将军以贵人有志节，但见时宜数涕泣，示忧愁也。若如此，必长见敬重。冯氏女以为然。后每见术辄垂涕。术果以为有心志，益哀。诸妇因是共绞杀，悬之于厕梁，言其哀怨自杀。术诚以为不得志而死，厚加殡敛。

煜时期蹿上高位，恩宠第一；归顺北宋后又当上了参知政事，副宰相。张佖呢？归顺后仅仅是个史官修撰，相当于文史馆的研究员。前后地位悬殊，张洎的口气也大了，动作也夸张了。见了张佖，连“表”都省了，就当是一般的下属，爱答不理，后来干脆绝交。[①]

第二个，约死畏死。张洎和陈乔同属南唐后主李煜的宰相，当赵匡胤的军队打过来的时候，张洎咬牙切齿、指天发誓要和后主和南唐王朝同生共死。陈乔感动得没办法，两人约好：城破就自杀殉国殉主。金陵城破了，张洎的牛皮也破了——他和陈乔登上高阁，再申前诺，一起以死报国。陈乔遵守誓言，先走一步，自缢而死。张洎呢？看着陈乔还在摇摆的尸体，摇摇头，下楼了。[②]他要带着君王李煜投降北宋。牛皮破了，但总得找回面皮。他对李煜说：本来我死是没问题的，我也不怕死。但是你没死，要是到了朝堂，赵家天子责备你为什么久久不归顺，谁替你说话呀？我留着这条命，就是为陛下辩明冤枉的！大不了到时候再死！

什么叫厚颜无耻？这就是活标本。

第三个，结亲害亲。张洎为人如此不近情理，对待亲戚怎么样？正史上说，张洎是倾侧小人，升不了官，怨天怨地；升了官，亲戚朋友休想有一分一毫的好处。即便高官显爵，江南亲旧没一个人登门。更奇葩的是，他的女儿要嫁给著名大才子杨亿，

---

① 司马光《涑水纪闻》：张洎为举人时，张佖在江南，已通贵。洎每奉谒求见，称从表侄孙。既及第，称弟。及秉政不复称表，以庶僚遇之。《宋史》本传作以父事张佖，此处从司马光说。

②《宋史·张洎传》：既而城陷，洎携妻子及橐装，自便门入止宫中，给光政使陈乔同升阁，欲与俱死。乔自经气绝，洎反下见煜曰：“臣与乔同掌枢务，国亡当俱死。又念主在，谁能为主白其事，不死，将有以报也。”

婚书都换了，他为了自己的利益，又竭力攻击杨亿家的长辈。后来结婚后，小两口没办法过日子。为什么呢？张洎为人不讲情义，不通道理，他的宝贝女儿跟他学样。仗着老子是副宰相，不孝顺公婆不说，还公开模仿公婆的一言一行，逗笑作乐。杨家忍无可忍，将她逐出家门。这下张洎不高兴了，拼命诋毁，百般辱骂。原女婿杨亿是大才子，表面上不屑于和他多计较，但在修国史的时候，却不顾翁婿之情，将他的丑闻秽行如实地写进了国史，让这位原老岳父遗臭万年。

对张洎这种不近情理的真小人，历代家法就一个原则：不结缘。惹不起，躲得起。康熙朝宰相张英教育儿子张廷玉等人说，择交是应世的关键：

此辈毒人，如鸩之入口，蛇之螫肤，断断不易，绝无解救之说。——（清）张英：《聪训斋语》

张洎这类人，像鸩毒，像毒蛇，一旦入口沾身，那就是万劫不复，绝无生理，一定要远离。

还有一类人，交了要受累，不交要受辱。什么人呢？横逆之人。这种人情不足以感化，理不足以说服。怎么办呢？古人教育子女对待横逆之人的办法有两种：

第一种，教化为上。动之以情，晓之以理，劝其改恶向善，这是仁者之行。宋代曹州人于令仪，家资富厚但为人忠厚。有天晚上小偷进了家门，被他的几个儿子抓住了。点灯一看，原来是邻居家的儿子。于令仪很诧异，问他为什么偷盗。邻居儿子说出了一番“我是弱者我有理”的道理：家里实在穷得过不下去了。你家富裕，就只有偷你的。于令仪没有责罚，问他需要多少？邻居儿子说十万钱就足够一家衣食。于令仪不管儿子们是否反对，立即将十万钱交给他。邻居儿子背着钱刚准备出门，于令仪突然又把他喊回来。邻居儿子以为老人家后悔了，出尔反尔，要送官治罪。哪知道，于令仪淡定地说：你家那么穷，晚上背着那么多钱，别人刨根问底，你怎么回答？倒不如先在我家睡一觉，明天堂堂正正地背钱回家，就说是我家送你家的。这小偷感动得一塌糊涂，后来成了良民。①

于令仪的仁厚不仅感化了小偷，更给儿子们做出了表率，以情感人，以理化人，形成仁惠家风，后来儿子、侄子三人中举，于家从乡村富家变成了著名的书香大族。

第二种，避让为上。教育子孙对那些情理俱尽或是恶性不改的人，不结交，不结缘，这是智者之行。宋代袁寀一家，衢州名门，在《袁氏世范》中，袁寀教导子孙，对于那些妄言妄行的小人、恶人，只有依靠他自己的家族和国法来惩戒。千万不要劝诫，也不要口诛笔伐，否则，自取其辱不说，还可能给整个家族带来祸患。②

这不是明哲保身，也不是畏缩怕事。真正的原因是这类人如茅坑里的卵石，又臭又硬又滑溜，弄不好好人当不上，还溅一身污秽。

曾国藩对此深有同感。他在给弟弟的家信中说，对于那些小

---

①（宋）王辟之《渑水燕谈录》卷二：曹州于令仪者，市井人也。长厚不忤物，晚年家颇丰富。一夕，盗入其家，诸子擒之，乃邻子也。令仪曰："汝素寡悔，何苦而为盗邪。"曰："迫于贫耳。"问其所欲。曰："得十千足以衣食。"如其欲与之。既去，复呼之，盗大恐。谓曰："汝贫甚，夜负十千以归，恐为人所诘。"留之，至明使去。盗大感愧，卒为良民。乡里称君为善士。君择子侄之秀者，起学室，延名儒以掖之。子、侄杰仿举进士第。今为曹南令族。

②《袁氏世范》：人之出言举事，能思虑循省，而不幸有失，则在可谏可议之域。至于恣其性情，而妄言妄行，或明知其非而故为之者，是人必挟其凶暴强悍以排人之异己。善处乡曲者，如见似此之人，非惟不敢谏诲，亦不敢置于言议之间，所以远侮辱也。

人、恶人、歹人，最好的办法就是不结缘，否则必被反噬。他的名言是，借鬼打鬼，引鬼上门；以毒攻毒，引毒攻心。[①]

我们讲了情理在居家和应世两方面的衡量标准和应对策略，历代家法在子孙从政方面是否强调情理？对于情理的把握又有哪些智慧值得今天借鉴？

①《曾国藩家书》咸丰十年十二月初七日“与弟谈处世”：自古君子好与小人为缘，其终无不受其累者。……借鬼打鬼，或恐引鬼入室；用毒攻毒，或恐引毒入心，不可不慎也。

情理（下）

前面我们讲了历代家法在居家和应世两方面如何处理、对待情和理的关系，那么，这种情理观念又是如何影响家族子孙为政理念的呢？我们从唐代崔祐甫的事例说起。

崔祐甫家族属于博陵崔家，是北方赫赫有名的望族。他父亲崔沔秉性纯正，生活俭约，除了养生之外的钱财全部散发给家族中的贫困家庭。这种家风直接影响了崔祐甫的为人和为政理念，实事求是，不虚华，不浮躁，性格平和但坚守原则。他担任中书舍人，负责起草皇帝的诏书，算是皇帝的政务秘书，看不惯当时宰相常衮的一些言行，经常提出异议。常宰相很不舒服，上奏将他贬官到河南，担任从四品的少尹。哪知满朝叫屈，认为宰相妄贬忠直大臣。唐德宗一怒之下，就把两个人职位对调：常宰相下贬河南省担任少尹；崔祐甫回朝，升任宰相。

常衮当宰相的时候，升官的基本是世家大族子弟和通过科考的人员，出身寒微又没有功名的人，要想出头，千难万难。崔祐甫反其道而行之，担任宰相不到一年就提拔了八百多名官员，提拔最多的是出身寒微但品行良好又有真才实学的人才，文凭不是先决条件。

动静大了，什么样的声音都有。有一天，唐德宗和崔祐甫聊天，突然说有人诽谤你，说你提拔的官员大多是你的亲朋故旧，这话是不是真的呀？

这问题风险太大，如果承认，是任人唯亲；如果不承认，是欺蒙圣上。

崔祐甫怎么回答？皇上，这些都是事实。皇上诏令要多选民间的有才有德的人做官，但选官必须得知道这些人的品行才能。如果我连这些人都不认识，没有深交，怎么去鉴别他们的才和德呢？①

这样一说开，任人唯亲就成了举贤不避亲。不隐讳，不回避，据情而奏，据理而辩，这是崔祐甫的性格，也是他的智慧。

唐德宗对崔祐甫的解释深以为然，连连点头。对崔祐甫更是信任有加，朝政大事，全部委任崔祐甫。崔祐甫不负重托，成为一代贤相。

就最后的结果而论，崔祐甫提拔的官员，确实没有一个不称职的，也没有一个给他送过礼的。

这种提拔，合情合理。所谓情，是指注重亲情、友情，不断培育家族人才；所谓理，是为国选材，任贤不避亲，公忠谅直。

后来，崔祐甫无子，侄儿崔植被立为嗣子。家风所袭，为人为政，多秉持父祖辈理念和智慧，唐宪宗、唐穆宗时期两次担任宰相。

纵览有唐一朝，崔家子孙担任宰相的共计 27 人 37 任，博陵崔家就有 16 人！究其原因，除了门第外，最重要的就是崔家在家法中一再弘扬的纯谨家风和中情中理的价值观！

具体而论，历代家法如何解决为政所涉及的情理关系？

---

①《旧唐书·崔祐甫传》：及祐甫代衮，荐延推举，无复疑滞，日除十数人，作相未逾年，凡除吏几八百员，多称允当。上尝谓曰："有人谤卿所除拟官，多涉亲故，何也？"祐甫奏曰："臣频奉圣旨，令臣进拟庶官，进拟必须谙其才行。臣若与其相识，方可粗谙，若素不知闻，何由知其言行？获谤之由，实在于此。"上以为然。

第一，家国定位。家是国之源，无家即无国。但在宏观治理层面，家庭的内部治理不能凌驾于国家治理之上，否则无国无以保家。

家国之间的情理定位比较复杂且动态化的因素太多。但就其大者、要者而言，可以总结为三方面：

一是不违情理，恪守大义。宋真宗时期的四川阆中状元陈尧咨，虽然文才不怎么样，却中了状元，书法水平也还不错。但他最大的强项是箭术，《宋史》上说，他可以把铜钱摆得远远的做靶子，然后一箭穿心而过，算得上是文武全才。他对自己箭术很自信，古代有个神箭手叫养由基，百步穿杨，双手能接四方箭，两臂能开千石弓，他就自称小由基。

有了状元的名号，有了箭术特长，陈尧咨做官一马平川，自然就放纵心性，奢靡无度，性刚气躁。后来不断受挫，心理产生阴影，为人做事就越来越违背情理。根据宋代王辟之的《渑（shéng）水燕谈录》记载：他在荆南为官，回家省亲。老母亲问他有什么特殊政绩？陈尧咨禀告老母亲：荆南是军事重镇，富得流油，我经常举办大型宴会，每次宴会都搞射箭比赛，引来一片惊叹和掌声！

当儿子的是想给老母亲报功。哪知，老人家一听完就骂开了：

汝父教汝以忠孝辅国家，今汝不务行仁化而专一夫之伎，岂汝先人志邪！杖之，碎其金鱼。——（宋）王辟之：《渑水燕谈录》卷九

你爹活着的时候教你以忠报国，以孝传家，你做官不以仁政为国分忧，为家增光，成天拿个破弓破箭摆弄炫耀，这是你爹的遗志吗？

虽然儿子已经长大，是状元，还是一方军政长官，老人家手

一挥，家法伺候，按在地上就是一顿棍子。

老人家还做了一件事，用剪刀把金鱼袋剪碎了。金鱼袋是什么东西？这可是身份的象征。唐代三品以上的官员才能穿紫衣、佩金鱼，合称“金紫”，是皇帝御赐之物。既是荣誉，也是官位的凭证，还是出入朝廷的通行证。宋代延续了这一章服传统，苏东坡有一次被赐银色鱼袋和绯色官服，引来无数人的羡慕嫉妒恨。

陈尧咨母亲教育成年子女的方法是粗暴了一些，但她真正动怒的原因很简单：仗着一点儿小才能，不理政事，上对不起皇帝的信任；下对不起父亲的教诲。于情于理，这棍子是挨定了！①

二是情理兼顾，不能偏废。情理发生冲突，怎么处理？这考验的不仅是一个人的应对策略，还考验着一个人的智慧和品行。

宋太宗赵光义被封晋王的时候，听说御史中丞刘温叟家里穷得冒烟，就送了五百钱巨款给他养家。刘温叟毫不犹豫地接受了，但把所有的钱全部锁进柜子里，贴上封条，一文钱都不用。有人问他，这又何苦呢？要么不领情，要么大胆用，把钱锁进柜子里算什么事？

刘温叟的理由是什么？不拒是领情；不用是守理。他解释说：晋王担任开封府首席长官，又是皇帝的亲弟弟，是尊长。尊长有所赐，不能拒绝，这是人情，拒绝就是不敬。但我担任御史中丞，主管官场廉政建设，不得收受私赠，这是理法，收受了就是违背职业操守，还怎么净化官场风气？合情不合理，我能怎么

① 陈尧咨善射，百发百中，世以为神，常自号曰小由基。及守荆南回，其母冯夫人问：“汝典郡有何异政？”尧咨云：“荆南当要冲，日有宴集，尧咨每以弓矢为乐，坐客罔不叹服。”母曰：“汝父教汝以忠孝辅国家，今汝不务行仁化而专一夫之伎，岂汝先人志邪！”杖之，碎其金鱼。——（宋）王辟之：《渑水燕谈录》卷九

办？只好锁起来！受领不受用，这样既不违情，也不背理。[1]

三是不以情妨理。明代著名政治家杨士奇，品行优良，学识淹通，身历五朝，担任内阁首辅二十一年，功勋盖世，名满天下。但到了老年，却遭遇了一生最严重的危机。他的大儿子杨稷特别善于伪装，依仗父亲的威势，为非作歹。在父亲面前是一副孝子贤孙的嘴脸，背着父亲却恶行不断。杨士奇受儿子蒙蔽，一直认为是政敌诬陷儿子。

有了老爹的宠溺和强大威势，杨稷坏事做绝，被言官死死揪住不放，但皇帝怕杨士奇伤心，强行拦下，不准交付审判。而是把所有的状词和调查报告密封后转交杨士奇。诏书中特别提到：如果这些罪状属实，那你的儿子既违背了家训家法，又触犯了国法。你是四朝老臣，我也不好说怎么办，请你老人家遵循情理，自己定夺！

皇帝如此眷顾，杨士奇又是感恩，又是抱愧，又是忧心，病倒在床，以 80 岁高龄去世。皇帝也够意思，怕他忧惧伤身伤心，等到他死了后，先追赠他为太师——这是明代官员所能达到的最高赏赐，备极哀荣。然后才将杨稷交付法司论罪，判处死刑，以

---

①《宋史·刘温叟传》：太宗在晋邸，闻其清介，遣吏遗钱五百千，温叟受之，贮厅西舍中，令府吏封署而去。明年重午，又送角黍、执扇，所遣吏即送钱者，视西舍封识宛然，还以白太宗。太宗曰；“我钱尚不用，况他人乎？昔日纳之，是不欲拒我也；今周岁不启封，其苦节愈见。”命吏辇归邸。是秋，太宗侍宴后苑，因论当世名节士，具道温叟前事，太祖再三赏叹。王辟之《渑水燕谈录》记载稍异：刘温叟以德义世其家，当时推服。为御史中丞，家极贫。时太宗尹京，知其贫，致五百千以赠温叟。温叟拜受，以大匮封贮御史之西廊。或有诘之者。曰：“晋王身为京尹，兄为天子，拒之则失敬；吾方为御史，受而用之，则何以清流品也。”

正国法。①

基于父子人伦和天性，身为父亲的杨士奇难以割舍亲情，不忍看见儿子走向刑场，这是循情不顾理，其情可原、可悯。但明英宗的做法却是情理兼顾的经典样本：念及杨士奇盖世功勋，等他死后才将杨稷明正典刑，这是情；尊重案件事实，维护法律尊严，彰显公平正义，这是理。

如此处理，于杨家已然尽情；于国也没有徇私情而废国法，可谓情理两洽。

第二，清浊定向。清白为人，清正为官是所有家法对子孙的最重要戒条之一。汉安帝时期，朝政混乱，皇帝乳母、宦官和一批朝臣结成利益共同体，买官卖官，巧取豪夺，官场污浊不堪。被称为“关西孔子”的弘农人杨震却清介自守，力挽颓势。他上任东莱太守，从昌邑县经过，昌邑县令王密是他举荐的，晚上专程拜见，送上十斤白金。杨震很不高兴地说，我了解你的为人，你怎么不了解我的为人呢？王密以为他怕人知道，就说大半夜的没人知道这件事。杨震说，这事天知地知，你知我知，怎么会没人知道呢？

这就是著名的“四知”故事。杨震虽然高官显宦，但子女生活简朴，有人劝他给子孙留下些家产，杨震说出了一段名言：

使后世称为清白吏子孙，以此遗之，不亦厚乎！——《后汉

①《明史·杨士奇传》：士奇既耄，子稷傲很，尝侵暴杀人。言官交章劾稷。朝议不即加法，封其状示士奇。复有人发稷横虐数十事，遂下之理。士奇以老疾在告。天子恐伤士奇意，降诏慰勉。士奇感泣，忧不能起。九年三月卒，年八十。赠太师，谥文贞。有司乃论杀稷。清代史洁珵《德育古鉴》载之略详：杨士奇，为四朝元老。而其子杨稷，怙势行恶。士奇溺爱之，不及知。或以实告者，则以为诬而疑之，其谀其善者，则以为实然而喜之。由是稷恶日甚，致干上听，乃付法司。而特旨慰士奇曰：“卿子既乖家训、干国纪，朕不敢私卿，其以理自处。”士奇感泣，乃论其子杀之。

书·杨震传》

要传给后代的东西很多，但如果被后世人人称赞为清白官员，有了好品格、好名声，这才是父祖辈留给子孙最丰厚的遗产！

杨震的言行体现了一种道德情怀，也显示了一种人生智慧：抛弃的是暂时的物质利益，保全的却是清白家风、家声，后代子孙有这种资本或遗产，无论为人为官，都会有极大的空间和更多的机会，这才是真正的无价之宝！

说这是一种智慧，是因为杨震在清浊之间为自己选定了方向，没有放任自己，一心贪图自己和儿女的物质享乐，而是从理的层面体悟了道德的纯净和处世的真诚。

第三，正邪定论。传统家法一般都会传导给子孙正邪不两立、邪不胜正等理念。如何坚守正道，不走邪路，一般人都能做到。但在纷繁复杂的政治斗争中，如何既坚持道德操守，又能确保身家两全？这就涉及对情理关系的认知和判断。

巧宦不能称为正道、正派。清代康熙乾隆朝的赵大鲸，做官做到了左副都御使，他的学生永贵选任浙江巡抚，上任前拜别老师请求指点为政之道。赵老师问学生：新官上任三把火，第一把火怎么烧？永贵说，惩治贪腐。老师笑了笑，给你提个建议，凡是那些赃款赃物都已经过手的人，千万不能动。巡抚学生傻眼了，那我反谁的贪腐啊？

老师开始官场启蒙：贪官到手的东西都要层层进贡，如果上司捞不到好处，早就被弹劾举报了，还轮得上你去反贪？现在的官场已经结成了一张利益大网，牢不可破，千万不可冒失。所以，反贪防腐就免了。当然，不做事也不行，建议你抓小偷，这些人没背景、没靠山，抓了就是你的功劳和政绩！

老师一席话，说得永贵直接跪下了：不是您先生指点，我哪知道官场似海深，弄不好怎么淹死的都不知道！

赵老师教学生的为政之道，看似情理两洽，实际上是巧宦一路。保全的是个人的官位和利益，损失的却是道义和良知。对个人合情合理，对国家却是养虎遗患！

有没有既坚持原则，又保全名声的官员？有。比如宋代的钱若水。他的父亲钱文敏，不取官钱，清正自守，宁愿被上司责骂，也一再坚持原则。后被宋太祖引见，点检为泸州知州，政绩斐然，任满百姓力求留任。[①] 钱若水秉承父教父风，以仁孝知名，以不贪为宝，推诚待人，襟怀坦白。他担任同州推官，主管司法行政，有一富人家的女仆逃亡，他的同僚曾经向富翁借钱，富翁知道是肉包子打狗，没借。这同僚就唆使女仆的父母说富家父子杀人掩尸，一顿棍子下来，这富翁和儿子屈打成招，被判死罪。钱若水觉得疑点太多，把案子压下来。同事找上门来一顿乱骂，说他和富家有说不清、道不明的关系。钱若水笑笑说：这一刀下去，这家的几个男丁都要人头落地，我再仔细看看好不好？

后来，钱若水悄悄派人找到了逃亡的女仆，把案子悄悄地送到知州大人手上，一桩冤案错案，就此平反。知州当堂解除枷锁，富翁一家号啕大哭，叩头不断，感恩戴德。知州受不起，就直说了：不是我救了你家，是钱推官。富豪一家去拜见钱若水，

---

①《宋史》：钱若水，字澹成，一字长卿，河南新安人。父文敏，汉青州帅刘铢辟为录事参军，历长水禁都尉、扶风令、相州录事参军。先是，府帅多以笔牍私取官库钱，韩重赟领节制，颇仍其弊。文敏不从，重赟假他事廷责之，文敏不为屈。太祖嘉其有守，授右赞善大夫、知泸州，召见讲武殿，谓曰："泸州近蛮境，尤宜绥抚。闻知州郭思齐、监军郭重迁掊敛不法，恃其荒远，谓朝廷不知尔。至，为朕鞫之，苟一毫有侵于民，朕必不赦。"至郡，有政迹，夷人诣阙借留。诏改殿中丞，许再任。

哪知钱若水闭门不见。传话说：是知州大人明察秋毫，跟我一点儿关系都没有。富豪一家绕墙痛哭，久久不去。

后来，知州要给钱若水请功升官，钱若水摇头摆手：大人，我只想不冤杀无辜，这是本分，从没想过要立功升官。你要一报功，我那同事一家不就完了吗？[①]

这就是历史上著名的钱若水辩冤，是情理法三合一的经典案例。钱若水明白正邪，救助生命，维护正义，但更体恤人情，明白事理，保住了同事一家。这是仁者的度量，更是君子的海量！

第四，利害定势。古代官场既是名利场，也是高危地带。如何保持高洁的人品，上不趋炎附势，下不同流合污，又能积极有所建树，还要全身避害，保家兴家，这实在是个很大的难题。既考验勇气品格，也考验智慧策略。

宋代的窦仪为我们解开了这个难题。窦家家风严整。窦仪的父亲叫窦禹钧，五个儿子全部登科及第，好朋友冯道送了一首诗夸赞窦家教子有方，其中有两句“灵椿（chūn）一株老，丹桂五枝芳”——窦禹钧治家有素，严峻整齐，清白清正，就好比一株有生命的老树，开枝散叶，五子登科，如丹桂飘香，世泽绵绵。

窦禹钧后来成了名人，事迹被写进《三字经》，千古流传。

---

① 司马光《涑水纪闻》卷二：钱若水为同州推官时，有富民女奴逃亡，父母讼于州。州录事尝贷于富民不获，乃劾富民父子共杀女奴，富民不胜榜楚，自诬服。具狱上州，皆覆实无反异。若水独疑之，留其狱，数日，录事诣若水，诟之曰：“若爱富民，欲出其死。”若水笑谢曰：“今数人当死，岂可不少留熟观其狱词耶？”留之且旬日，若水诣知州，屏人言曰：“若水所以留其狱者，密使人访求女奴，今得之矣。”因密送于知州所，知州引女奴父母从帘内，推女奴示之，父母持之而泣，乃引富民父子破械纵之。其人号泣不肯去，曰：“微使君，族灭矣。”知州言此推官之赐，其人趋诣若水厅事，若水闭门拒之，曰：“知州自求得之，我何与焉？”其人不得人，绕墙而哭，倾家资饭僧为若水祈福。知州欲论奏其功，若水固辞曰：“若水止求人不冤死耳，论功非本心也，且置录事于何地？”知州叹服。

宋初建国，窦仪声名才望天下知名，其时宰相赵普专政，宋太祖赵匡胤心里特别忌惮，就倚重窦仪，问他对赵普的看法。窦仪深知利害。满朝文武，皇帝为什么偏偏找上他来打压赵普？一是他的声望高，人品好。二是他和赵普有个人恩怨——赵普一直打压窦仪，防止他从礼部尚书升任宰相，分权制衡。

窦仪心里清楚：太祖皇帝拿他对付赵普，这事不靠谱。从道义上讲，落井下石不是他的个性，更不是他家的传统；从情理上讲，太祖和赵普交情深厚，患难与共几十年，一时有小摩擦，但并没有恩断义绝；从利害关系上讲，赵普是一等一的谋略高手，功高盖世，自己再怎么斗也不是对手。

更重要的是，窦仪一搅和，一不利于政局稳定；二有损于家族清望；三是为自己家族带来祸患。

主意打定，窦仪极口称赞赵普是开国元勋，公忠亮直。

宋太祖很不高兴。窦仪却特别高兴，回家后招来弟兄几个喝酒，口到杯干，说：这下好了！我当不了宰相，但也不会被贬到崖州去，我们一家也算是保全了。

窦仪没有迎合太祖皇帝，没有因为他和赵普的私人恩怨伺（sì）机报复，这种行为固然体现了他的好品格，但更体现了他对时局的理性判断：论情，赵普对赵家夺取天下功劳最大，赵家天子只是想敲打敲打赵普，而不是要赶尽杀绝，后来赵普三度为相就是明证；论理，君臣相疑，对朝政极为不利；如果陷进泥潭，不仅不利于国，还不利于家，窦家的声望和利益可能遭受毁灭性打击。

所以，窦仪的行为是揆情度理后的一种高明选择，这需要勇气，更需要智慧。

可惜，偏偏有人很聪明，但少智慧。比如卢多逊，一味迎合皇帝，充当打手，不停地弹劾赵普，搬弄是非，后来赵普王者归来，一棍子将他敲到崖州，老死海南。

窦仪明辨情理，以直报枉，显示了堂堂正气，也保全了身家名誉；卢多逊精于投机却昧于情理，中了借鬼打鬼的阴招，虽然有短暂的辉煌，却身死海外，还被贴上了奸邪小人的标签，万世不得翻身。

跋

2016年以来，数次奔波旅途，赴京录制50集《中国家法》，今年3月，终于录完最后9集。4月，携夫人奔赴南国，加盟广州大学法学院。

一路走来，需要感谢的人太多太多。

感谢《法律讲堂》(文史版)。节目选题、策划、录制、播出、推介，都离不开中央电视台社会与法频道权勇副主任、制片人苏大为、副制片人陈德鸿、执行主编张振华以及刘梦琦、杨丽、叶雪等编导以及频道朋友的真切关注、重点扶持和辛勤操持。

感谢母校西南政法大学樊伟书记、付子堂校长。自1998年入西南政法，二十年来，从硕士研究生到博士研究生，从副教授、教授、博士生导师，每一步都离不开母校领导、师长、同仁的关心、砥砺、支持、提携。

感谢广州大学屈哨兵书记、魏明海校长，孙延明副校长、张其学副校长、于欣伟副校长，法学院刘文波书记、张泽涛院长，人事处利盛炜副处长等校处领导。携夫人千里投南，没有各位领导细致入微的关拂、照顾、宽容，势难安居小岛，潜心写作。

感谢中国民主法制出版社刘海涛社长、责任编辑董理诸位，不惮繁琐，不避艰辛，极速推出《中国家法》第二季。

感谢各位读者朋友。身在重庆，接读者来信十余通；南来广州，读者来信早我而至，更有网友就表达方式、吐辞换气提出中肯建议，殷殷之情，可感可佩，特申谢忱！

感谢岳父母多年操持家务，长育外孙；感谢内子李星蕾女士的热忱帮扶，精心打理；感谢小儿刘李汉唐高三期间的自励自强，父子朝夕相处，子奔高考父赶稿，行也匆匆，乐也融融。

岳父李培彦先生，貌同鹤风，神志澹湛，有隐士之风，多君子之德。每一集节目播出，老人必瞩目留心，赞赏之余，提出不少恳切易行的建议。不幸于《传世家风》节目播出前后，罹患脑梗。年前恳请母校领导放行，荷蒙恩准。几番南下，租赁房屋，查看轮道，联系医院，本拟奉老南来康复，安享晚年。岂料天不假年，遽归道山。侍奉有心，回天无力，风木之悲，夫复何言！

是为跋。

刘云生

2018 年 06 月 12 日

小谷围岛·排云轩